AF231743

ÉLÉMENS
DE MINERALOGIE
DOCIMASTIQUE,

Par M. SAGE,

De l'Académie Royale des Sciences.

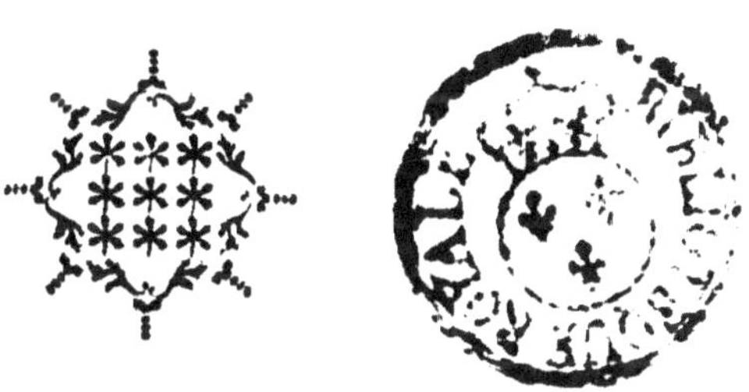

A PARIS,

Chez P. DE LORMEL, Imprimeur-
Libraire de l'Académie Royale de
Musique, rue du Foin.

M. DCC. LXXII.

Avec Approbation & Privilege du Roi.

A MONSEIGNEUR

BERTIN,

GRAND TRÉSORIER,

COMMANDEUR DES ORDRES DU ROI,

MINISTRE ET SECRETAIRE D'ETAT,

Ayant le Département des Mines, &c. &c.

MONSEIGNEUR,

L'accueil que vous faites aux Découvertes utiles pour la Métallurgie, m'a déterminé à vous offrir ces Elémens iv

*de Minéralogie Docimaſtique ; je vous en
dois l'hommage, ils ne pouvoient paroître
ſous de meilleurs auſpices.*

Je ſuis avec un profond reſpeɛ,

MONSEIGNEUR,

*Votre très-humble, & très-
obéïſſant ſerviteur,*
SAGE.

PRÉFACE.

Dans les Cours de Chymie que je fais publiquement depuis douze ans, je me suis principalement occupé de la Minéralogie ; les Expépériences que j'ai répétées m'ont conduit à des découvertes dont je me suis assuré par des travaux particuliers auxquels je n'ai épargné ni dépenses ni soins : j'en rends compte dans cet Ouvrage.

Dans la premiere Partie, je parle des cinq acides minéraux & de leur identité, de l'alkali fixe, & de l'alkali volatil minéral, & de sa combinaison avec le soufre dans le charbon de terre.

Dans la seconde, j'espere démontrer que les terres qu'on a nommé simples & primitives, font des fels; que la terre primitive eft la terre abforbante.

Dans la troifieme Partie, je prouve qu'outre l'arfenic & le foufre, qui fuivant l'idée générale étoient les feuls minéralifateurs, l'acide marin, l'alkali volatil & la matiere graffe produite par l'alkali volatil décompofé, font trois intermedes que la Nature employe très - fouvent pour minéralifer les fubftances m.étalliques.

Les cinq Acides minéraux, font

L'Acide Vitriolique,

      Sulfureux,

      Nitreux,

      Marin,

      Phofphorique.

L'acide phofphorique eft le plus pefant des acides; lorfqu'il eft uni à une fubftance quelconque, il n'en peut être dégagé par aucun des autres acides; le fel fédatif, le fpath fufible, & le bafalte, en font des preuves ; mais lorfqu'on mêle un fel phofphorique terreux avec un autre fel qui a pour bafe un alkali, l'acide phofphorique s'en empare & quitte la terre abforbante, alors il fe forme de nouvelles combinaifons falines ; le mortier en eft un exemple.

Le mortier fe fait ordinairement avec de la chaux, du fable & de l'eau ; la chaux eft un fel phofphorique terreux avec excès de terre abforbante. Le quartz eft un fel neutre formé d'acide vitriolique & d'alkali fixe ; l'acide phofphorique de la chaux, par le moyen de l'eau, s'unit à l'alkali du quartz, & forme du bafalte. L'acide vitriolique du quartz s'unit à la terre abforbante de la terre calcaire, & forme du gypfe; ces deux fels criftallifant rapidement & confufément, produifent des maffes très-folides inaltérables par l'eau.

a iv

Le rapport plus ou moins grand des acides avec différentes fubftances dépend de leur pefanteur fpécifique ; tel eft l'ordre des affinités des acides qui fuit celui de leur pefanteur.

> L'Acide Phofphorique,
> Vitriolique,
> Nitreux,
> Marin,
> Sulfureux.

Quoique l'acide phofphorique foit le plus pefant des acides , ce n'eft cependant point celui qui eft le plus cauftique. Pour le devenir , il faut qu'il foit combiné avec le phlogiftique ; il eft dans cet état dans le phofphore , la pierre à cautere & l'alkali volatil.

L'alkali volatil eft plus cauftique que l'alkali fixe , parce que l'acide phofphorique qui entre comme partie conftituante de ce fel , eft uni à

une plus grande quantité de phlogiftique.

L'acide nitreux n'eft fi actif & fi
cauftique, que parce qu'il eft uni à
une grande quantité de phlogiftique.

Toutes les fubftances qu'on a nommé terres & pierres, réfultent des
combinaifons de l'acide vitriolique ou
de l'acide phofphorique avec la terre
abforbante, ou un alkali fixe, dont les
propriétés approchent de celles du
tartre. L'acide phofphorique combiné avec la terre abforbante, forme
un fel neutre connu fous le nom de
fpath fufible ; lorfque ce fel eft avec
excès de terre abforbante, il en réfulte la terre calcaire : cette terre abforbante qui fe trouve dans la terre calcaire faturée d'acide vitriolique, forme l'argille : cette derniere fubftance
eft compofée de deux acides différens
unis à la terre abforbante.

L'acide phofphorique uni à l'alkali fixe du quartz , forme le bafalte.

L'acide vitriolique combiné avec la terre abforbante forme le gypfe ; ce fel neutre fe décompofe aifément par l'action du feu long-temps continué , ou par la décoction avec de l'alkali fixe.

L'acide vitriolique combiné avec un alkali fixe qui m'a paru femblable à celui du tartre , forme le quartz ; ce fel neutre que le feu n'altere point, eft très-promptement décompofé par l'acide phofphorique , qui fert de bafe à la terre calcaire.

La marne , la zéolite & les granits , font formés , de même que la terre végétale , du mélange des fels dont je viens de parler.

J'ai ajouté à cet ouvrage une Table dans laquelle j'ai défigné par des caracteres, les cinq matieres qui fervent à minéralifer les fubftances métalliques. J'ai auffi indiqué dans une

petite Diſſertation les moyens d'eſ-
ſayer les eaux minérales.

J'ai cherché dans ces Elémens à décrire avec exactitude les produc-tions du regne minéral ; j'ai ſoumis à l'analyſe chymique toutes les ſubſtances dont je parle. Encouragé par les découvertes , je n'ai point épargné la dépenſe.

TABLE SYNOPTIQUE
DU REGNE MINERAL.
PREMIERE PARTIE.

en

TROISIEME PARTIE.

Fin de la Table Synoptique.

ÉLÉMENS

ÉLÉMENS

DE MINÉRALOGIE

DOCIMASTIQUE.

PREMIERE PARTIE.

DES ACIDES MINÉRAUX.

ACIDE VITRIOLIQUE.

L'ACIDE vitriolique pur, est sans odeur & sans couleur. Cet acide est susceptible de se combiner avec la plùpart des substances, c'est pourquoi il est presque impossible d'obtenir fluide, celui qui se trouve répandu dans l'air. Ce qui me fait avancer qu'on doit regarder l'acide vitriolique comme primitif ou élémentaire, c'est que cet acide combiné de diverses manieres avec le phlo-

A

giftique , fe modifie & produit les autres
acides minéraux. Ces acides varient par
l'odeur , la couleur & la pefanteur. L'o-
deur & la couleur font dues au phlogiftique , la pefanteur indique la concentration
de l'acide.

ACIDE SULPHUREUX.

L'acide fulphureux eft l'acide vitriolique altéré par le phlogiftique ; on le retire
du foufre par la combuftion. J'ai trouvé une
éruption de la folfatare , qui contenoit du
fel ammoniac fulphureux.

ACIDE NITREUX.

Lorfque l'acide vitriolique fe combine
avec le phlogiftique qui fe dégage des corps
qui commencent à paffer à la putréfaction,
il devient acide nitreux ; la décompofition du Plâtre eft une preuve de cette altération. L'acide vitriolique qui entre comme partie conftituante de ce fel , s'altere en
s'uniffant au principe de l'odeur qui fe dégage des corps qui commencent à paffer à la
putréfaction : je dis , le principe de l'odeur

qui fe dégage des corps qui commencent à paffer à la putréfaction ; car lorfque l'alkali volatil fe décompofe , le principe de l'odeur qui s'en dégage, en s'uniffant avec l'acide vitriolique, forme l'acide marin.

On trouve ordinairement dans la leffive des platras, du nitre , & du fel marin. Je dois citer ici l'expérience qui étaie la doctrine que j'avance.

Si on laiffe expofée à l'air , dans un bocal de verre, une diffolution de cuivre faite par l'alkali volatil dégagé du fel ammoniac par l'alkali fixe , dans le laps de trois ou quatre mois , la diffolution fe décompofe , le principe de l'odeur de l'alkali volatil fe dégage & entre en combinaifon avec l'acide vitriolique répandu dans l'air , & il le fait paffer à l'état d'acide marin ; la matiere graffe de l'alkali volatil s'unit avec le cuivre & forme un fel infoluble dans l'eau, qui eft une vraie malachite ; ce fel fe dépofe aux parois du bocal ; l'acide marin qui s'eft formé de l'acide vitriolique répandu dans l'air , & du principe de l'odeur de l'alkali volatil , s'unit à l'alkali fixe qui fervoit de bafe à l'alkali volatil , & fe trouve au fond du bocal , fous la forme de très-beaux criftaux cubiques.

A ij

L'acide nitreux differe de l'acide marin par son odeur & sa couleur ; lorsqu'il est très concentré, il répand des vapeurs rougeâtres ; celles de l'acide marin sont blanches.

ACIDE MARIN.

L'acide marin, comme je viens de le dire, est produit par l'acide vitriolique combiné avec le principe de l'odeur qui se dégage de l'alkali volatil qui se décompose ; cet acide est très-commun dans le regne minéral ; on le trouve dans les eaux de la mer, il sert à minéraliser la plûpart des substances métalliques.

L'acide marin a une couleur jaune, quoique le plus léger des acides, il est si concentré dans les substances minérales, qu'il les rend spécifiquement plus pesantes que le métal qu'elles produisent ; les mines d'étain sont dans ce cas.

ACIDE PHOSPHORIQUE.

L'acide phosphorique est l'acide marin altéré par la circulation dans les corps des animaux carnivores ; cet acide, comme j'efpere le démontrer , elt très-abondant dans le regne minéral; il fe trouve dans le borax , le fpath calcaire, le fpath fufible, & le bafalte.

L'acide phofphorique eft fans' odeur & fans couleur : lorfqu'il eft concentré , il pefe deux fois plus que l'huile de vitriol; c'eft le moins corrofif des acides ; uni au phlo-giftique , il produit un foufre corrofif, plus fufible que le foufre ; il eft connu fous le nom de phofphore. Ce foufre expofé à l'air répand une odeur d'ail , & des vapeurs lumineufes ; il y tombe en *deliquium*. Six gros de phofphore ont été deux mois à paffer à cet état , & m'ont fourni dix-huit gros d'acide blanc, tranfparent & fans odeur. Cet acide , comme on le voit, eft uni au moins à deux parties d'eau.

ALKALIS.

Les alkalis minéraux font femblables par leurs proprietés aux alkalis qu'on retire des végétaux. Les fels alkalis font effentielle-ment compofés d'un acide analogue à l'acide phofphorique, & de terre abforbante : ces fels font avec excès de terre.

On rencontre dans le regne minéral de l'alkali fixe semblable à celui du tartre. J'ai trouvé du salpêtre de houssage auquel il servoit de base.

L'alkali du sel marin , le natron , ou l'alkali de la soude, ne different de l'alkali du tartre que par une petite portion de matiere huileuse , semblable à celle qui se trouve dans les eaux meres ; elle est combinée avec l'alkali fixe. L'expérience suivante le démontre.

J'ai mêlé deux livres d'alkali fixe , dissous dans six livres d'eau , avec une livre d'eau mere de tartre vitriolé ; la livre d'eau mere que j'ai employée , restoit d'une dissolution qui m'avoit fourni sept livres de tartre vitriolé. J'ai ensuite fait évaporer ce mélange jusqu'à réduction de moitié ; par le réfroidissement , il s'est déposé des cristaux d'alkalis , semblables à ceux de la soude, qui, après avoir été saturés d'acide vitriolique, ont produit du sel de Glauber.

A L K A L I   V O L A T I L.

L'alkali volatil ne differe de l'alkali fixe de la soude , que parce qu'il contient une plus grande quantité de matiere huileufe, & qu'il eft uni à du phlogiftique, auquel il doit fon odeur & fes proprietés. Le cuivre, comme je l'ai dit, eft l'intermede qui m'a fervi à démontrer que l'alkali volatil étoit compofé d'un alkali fixe, femblable à celui de la foude, d'une matiere huileufe, & du phlogiftique, devenu le principe de l'odeur.

L'alkali volatil fert à minéralifer le cuivre, & d'intermede pour la formation de l'acide marin.

SELS NEUTRES.

On donne le nom de fel neutre aux réfultats de l'union d'un acide quelconque, avec le phlogiftique, l'alkali fixe, l'alkali volatil, les terres abforbantes, & les fubftances métalliques ; l'alkali volatil, & la matiere huileufe produite par l'alkali volatil décompofé, diffolvent le cuivre, & forment des fels neutres particuliers.

Les terres & les métaux combinés avec les acides deviennent folubles dans l'eau ; lorfque la diffolution de ces fels s'évapore, les molécules falines fe rapprochent &

s'affemblent : elles forment des maffes régulieres, ordinairement tranfparentes, & fouvent colorées ; on les nomme criftaux : ils
doivent à l'eau, leur forme, leur tranfparence, & leur couleur. La plûpart des
fels peuvent être privés de l'eau de leur
criftallifation fans être décompofés ; ils
perdent leur forme, & leur couleur, leur
faveur devient plus piquante.

Tous les fels contiennent, outre l'eau de
la criftallifation, l'acide, & la fubftance qui
a fervi à les neutralifer, une matiere graffe,
ou huileufe ; elle fe trouve en plus grande
abondance dans les eaux meres.

Cette matiere graffe entre en plus grande
quantité dans les fels neutres minéraux,
que dans les fels artificiels ; c'eft à elle
qu'ils doivent leur infolubilité. Les fpaths
calcaires & fufibles, les mines fpathiques,
qui font des Sels formés par l'acide marin,
& des fubftances métalliques, en font des
exemples.

SOUFRE.

Le foufre eft un fel neutre, compofé
d'acide vitriolique & de phlogiftique ; il
fe fond aifément au feu, & s'y fublime.

Le soufre fondu paroît rouge ; en réfroidissant, il cristallise , & conserve une couleur grise, il est très-inflammable; en brûlant il produit une flamme bleue , accompagnée d'une odeur très-pénétrante , qu'on nomme acide sulphureux volatil.

Le soufre exposé à l'air ne s'y altere point, il n'est pas soluble dans l'eau ; les volcans en produisent une très - grande quantité.

La cristallisation & la couleur du soufre varient; lorsqu'il est pur, il a une couleur d'un jaune pâle, ou de citron.

On trouve quelquefois du soufre natif très-transparent , mais le plus souvent il est opaque.

Il y a une montagne à six lieues de Cadix , où l'on trouve du soufre transparent cristallisé régulierement dans des géo des calcaires cristallisées.

PREMIERE ESPECE.

Soufre transparent cristallisé.

Il est d'un jaune pâle, ou de citron ; ses cristaux sont composés de deux pyramides à quatre pans , unies par leurs bafes , & tronquées par leurs extrêmités.

Le lieu d'où l'on retire ce foufre eft fitué dans les environs de Cadix.

DEUXIEME ESPECE.

Fleurs de Soufre.

On en trouve de cette efpece à la furface des eaux , dans les bains d'Aix-la-Chapelle.

TROISIEME ESPECE.

Soufre gris & opaque.

Il fe trouve dans la même montagne que le foufre criftallifé ; il eft mêlé de terre argilleufe , & reffemble au foufre vif du commerce.

Le foufre fe trouve en très-grande quantité dans les pyrites martiales, & dans les blendes ; dans cette derniere fubftance, il eft fous la forme de foie de foufre terreux; dans les charbons de terre, le foufre eft combiné avec l'alkali volatil.

Le foufre fert à minéralifer la plûpart des fubftances métalliques.

Le fer, par l'intermede de l'eau, décompofe très-promptement le foufre. L'expérience fuivante le démontre.

Si l'on fait un mélange avec partie égale de fleur de foufre, de limaille de fer, & d'eau, il s'échauffe en très-peu de tems, & s'enflamme. Quand on mêle ces trois fubftances, il s'en dégage une odeur de foie de foufre décompofé ; la chaleur réfulte de l'union de l'acide vitriolique dégagé du foufre, avec l'eau ; cet acide affoibli porte fon action fur le fer, en développé le phlogiftique ; il fe dégage alors, & répand une odeur femblable à celle qu'on fent lorfque l'électricité eft forte : ces vapeurs font très-inflammables ; on peut les confidérer comme le phlogiftique dégagé du fer. Dans l'expérience que je viens de citer, ces vapeurs s'enflamment d'elles-mêmes, il fe dégage des vapeurs femblables du fer diffout par l'acide vitriolique étendu d'eau. Si l'on approche une bougie allumée de l'orifice du col du matras où fe fait cette diffolution, la vapeur fubtile qui fe dégage prend feu

& produit un bruit confidérable ; cette vapeur en brûlant répand une flamme violette, & n'eſt point accompagnée d'odeur ; l'acide marin, verſé ſur de la limaille de fer, en dégage pareillement le phlogiſtique, & produit les mêmes phénomenes. Les pyrites martiales, en tombant en effloreſcence, produiſent une quantité de vapeurs ſemblables : la plûpart des moufettes leur doivent leur origine.

L'acide nitreux décompoſe le ſoufre ; ſi l'on en jette ſur du nitre en fuſion, il ſe fait une vive détonnation, accompagnée d'une flamme d'un blanc éblouiſſant.

Le ſoufre combiné avec l'alkali fixe, l'alkali volatil, la terre abſorbante, forme des foies de ſoufre ſolubles dans l'eau.

SEL DE GLAUBER.

Ce ſel eſt formé d'acide vitriolique, & de l'alkali de la ſoude : ces criſtaux ſont des priſmes à quatre pans, terminés par des pyramides à ſix pans ; expoſés à l'air, ils perdent l'eau de leur criſtalliſation, ſe réduiſent en pouſſiere très-fine ſemblable à de la farine,

& diminuent de la moitié de leur poids. Les eaux de la mer contiennent une petite quantité de ce sel. *

Sel d'Angleterre ou d'Epsom.

Ce sel ne differe point du sel de Glauber : il fut découvert en Angleterre dans une fontaine à quinze mille de Londres ; c'est ce qui lui a fait donner le nom qu'il porte.

Sel de Sedlitz, ou de Bohême.

M. Wallerius rapporte que ce sel ressemble à celui d'Angleterre, qu'il en differe en ce qu'il teint le sirop de violette en verd.

Le sel d'Egra , & de Carlsbad , & le sel d'Elstere sont, suivant le même Auteur, de la même nature que celui de Sedlitz. **

SEL AMMONIAC VITRIOLIQUE.

Ce sel est composé d'acide vitriolique &

---

* J'ai trouvé à Dieppe du sel de Glauber en efflorescence : & en assez grande quantité à la surface des murs de la Manufacture de Tabac.

** Je n'ai point eu d'occasion d'examiner ces sels.

d'alkali volatil ; j'en ai trouvé dans une éruptîon de la solfatare.

A L U N.

Ce fel eft compofé d'acide vitriolique, & d'une terre qui fe trouve dans les argilles, les ardoifes, le mica, &c. quelques Chymif-tes l'ont regardé comme vitrifiable. §.

La plûpart des pierres propres à produire de l'alun, demandent une torréfaction pré-liminaire , & à être expofées long-temps à l'air avant d'être leffivées ; l'alun de Rome fe retire d'une pierre blanche très-dure, & d'un grain très-fin ; cet alun a toujours une couleur rougeâtre ; celui qu'on prépare en Angleterre, & dans les autres contrées, eft blanc, & très-tranfparent ; on le nomme alun de roche.

A L U N   D E   P L U M E.

Le fel qui eft connu fous ce nom eft du vitriol martial ; on a confondu l'afbefte avec

---

§ Les criftaux d'alun affectent différentes formes, il y en a Doctahedres.

Doctahedres, dont les angles & les fommets font tronqués.

cette fubftance ; elles n'ont de rapport que
par la forme , toutes deux font ftriées ; le
vitriol martial eft foluble dans l'eau , l'afbefte ne l'eft point. Ce vitriol perd au feu ,
& à l'air , fa couleur blanche ; l'asbefte ne
s'y altere point fenfiblement.

L'alun expofé au feu , perd l'eau de fa
criftallifation , fe bourfouffle , & perd fa
tranfparence.

SEL AMMONIAC SULPHUREUX.

Ce fel réfulte de la combinaifon de l'a-
cide fulphureux avec l'alkali volatil ; j'en ai
trouvé de cette efpece dans une éruption
faline de la folfatare. Ce fel eft déliquefcent ; il fe trouve prefque toujours avec le
fel ammoniac vitriolique.

NITRE, ou SALPESTRE.

Ce fel eft compofé d'acide nitreux &
d'alkali fixe ; l'acide nitreux, comme je l'ai
dit ci-deffus, eft l'acide vitriolique, combiné avec le principe de l'odeur qui fe dégage des corps qui commencent à paffer à
la putréfaction.

'On trouve dans l'Inde des nitrieres immenfes qui fourniffent des millions de livres de falpêtre aux différentes Nations ; celui qu'on employe en Angleterre , vient de l'Inde ; la France en retire par an près d'un million de livres pefant, quoiqu'il y ait des atteliers établis pour la préparation de ce fel , & que fa purification foit un droit régalier.

Le falpêtre de l'Inde fe retire par la leffive des terres où il eft contenu ; elles produifent auffi du nitre cubique.

PREMIERE ESPECE.

Salpêtre de Houffage.

J'ai trouvé de ce fel à la furface d'une muraille expofée au Nord ; il étoit fous forme de filets foyeux demi - tranfparens, raffemblés en faifceaux ; ce fel eft compofé d'acide nitreux & d'alkali fixe.

La leffive des platras de cette muraille ne m'a point produit de fel marin, le nitre que j'en ai retiré étoit très - pur, & avoit pour bafe de l'alkali fixe. Les criftaux de ce fel, font des prifmes à fix pans, coupés

en

en bifeaux par leurs extrêmités , ils font
fouvent fiftuleux.

DEUXIEME ESPECE.

NITRE CUBIQUE.

Ce fel eft compofé d'acide nitreux &
d'un alkali fixe , femblable à celui de la
foude ; il fe trouve en affez grande quantité
dans le nitre de l'Inde, c'eft pourquoi lorfqu'on diffout ce fel dans de l'eau de puits
féléniteufe, on trouve dans l'eau mere du
fel de Glauber.

TROISIEME ESPECE.

SEL AMMONIAC NITREUX.

Ce fel eft déliquefcent , il eft compofé
d'acide nitreux & d'alkali volatil , on le
trouve dans la leffive des platras ; dans le
travail en grand , lorfqu'on fait paffer les
leffives nitreufes fur des cendres alkalines ,

B

l'alkali volatil fe dégage, l'acide nitreux s'unit à l'alkali fixe.

Le fel ammoniac nitreux, détonne dans les vaiffeaux fermés, lorfqu'il commence à fondre.

QUATRIEME ESPECE.

NITRE TERREUX.

Ce fel fe trouve dans la leffive des platras ; il eft déliquefcent, & compofé d'acide nitreux & de terre abforbante : il fe décompofe de même que le fel ammoniac nitreux, lorfqu'on fait paffer la leffive des platras fur des cendres alkalines.

L'acide nitreux n'ayant point la propriété de décompofer le gypfe, il eft donc évident que c'eft l'acide vitriolique contenu dans ce fel, qui fe modifie & paffe à l'état d'acide nitreux.

L'acide nitreux uni à la plûpart des fubftances, forme des fels déliquefcens ; il n'y a que ceux qui réfultent de l'union des alkalis fixes avec cet acide qui ne le foient point : les différentes efpeces de nitre doivent leurs propriétés fulminantes à l'eau de leur criftallifation.

L'acide nitreux peut décompofer le foufre, & fe décompofe lui - même en s'uniffant au phlogiftique de cette fubftance, il produit une flamme blanche & inodore ; mais il faut que l'acide nitreux foit combiné avec les alkalis fixes , ou volatils, &c. pour produire ce phénomene : le phlogiftique contenu dans les charbons, produit les mémes effets.

L'acide nitreux úni au phlogiftique des fubftances métalliques , devient rouge & fe diffipe fous forme de vapeurs prefque incoercibles.

SEL COMMUN OU SEL MARIN.

Ce fel eft compofé d'acide marin & d'un alkali fixe femblable à celui de la foude. Il fe trouve en très-grande quantité dans le fein de la terre, dans les eaux de la mer , & dans celles de quelques fontaines.

L'acide marin eft produit par l'acide vitriolique , combiné avec le principe de l'odeur qui fe dégage de l'alkali volatil qui fe décompofe ; cet acide eft, après l'acide vitriolique, celui qui eſt le plus abondant dans la nature.

PREMIERE ESPECE.

Sel foſſile ou Sel gemme.

On en trouve des carrieres immenſes en Pologne, en Ruſſie, en Hongrie, &c. Lorſque ce ſel ne contient point de matieres étrangeres, il eſt blanc & tranſparent : ſa couleur indique la nature des terres métalliques avec leſquelles il eſt mêlé.

On trouve quelquefois le ſel gemme criſtalliſé en cubes ; lorſqu'il eſt mêlé avec de la terre, on le fait diſſoudre dans de l'eau, enſuite on fait évaporer la diſſolution pour obtenir le ſel.

SECONDE ESPECE.

Sel Marin.

Ce ſel ſe retire des eaux de la mer, par évaporation, il s'y trouve dans la proportion d'un trente-deuxieme, il ne differe point du précédent.

TROISIEME ESPECE.

Sel de Fontaine.

Il se retire, par évaporation, de l'eau des fontaines salines ; elle contient une plus grande quantité de sel de Glauber, que celle de la mer.

QUATRIEME ESPECE.

Sel Ammoniac.

Ce sel est composé d'acide marin & d'alkali volatil, il se trouve en très - grande quantité dans la lessive des platras.

Le sel ammoniac peut éprouver l'action du feu le plus fort sans s'altérer ; il s'y sublime.

CINQUIEME ESPECE.

Sel Marin terreux.

Ce sel est composé d'acide marin & de terre absorbante ; il se trouve en grande quantité dans la lessive des platras.

SIXIEME ESPECE.

Métaux spathiques.

On trouve souvent dans la terre l'acide marin uni aux substances métalliques, avec lesquelles il forme des sels neutres, rendus insolubles par une matiere grasse ; l'acide marin qui se trouve dans ces sels est très-concentré.

Le sel marin attire l'humidité de l'air, & y tombe en déliquium.

Ce sel jetté sur des charbons ardens décrépite, il perd cette propriété lorsqu'il est dépouillé de l'eau de sa cristallisation.

B O R A X.

Ce sel nous est envoyé de l'Inde ; jusqu'à présent on a été indécis sur son origine. Le borax est composé d'un sel neutre formé par l'acide phosphorique & l'alkali de la soude ; ce dernier est connu sous le nom de sel sédatif d'Homberg : lorsqu'il est mêlé avec parties égales d'alkali fixe de la soude, il forme le borax.

Si ce n'étoit point l'alkali fixe qui servît de bafe au fel fédatif, il feroit décompofé dans le tems qu'on fait diffoudre le borax dans de l'eau.

ALEXIS le Piémontois, dit que pour préparer le borax, il faut faire un mélange avec du faindoux, des matieres fufceptibles de putréfaction, & des petits cailloux, enfuite l'enfouir en terre, & qu'après le laps de quatre ou cinq mois, on y trouve des criftaux de borax.

Dans cette opération, l'acide de la graiffe fe combine avec l'alkali fixe, produit par l'alkali volatil décompofé ; ce dernier a été fourni par les matieres qui ont paffé à la putréfaction.

Il y a lieu de croire que le borax eft une production de l'art ; fi j'en parle ici, c'eft parce que la plûpart des Minéralogiftes l'ont mis au nombre des fels minéraux.

PREMIERE ESPECE.

Borax impur.

Ce fel fe trouve fous forme de criftaux blancs, tranfparens, dans une matiere grafse , de couleur rousse , & qui a l'odeur d'une huile rance. Il y a des cristaux de borax qui représentent des prismes à six pans comprimés, le sommet est trihedre & alterne ; les côtés du prisme sont six pentagones alternes , dont deux opposés sont fort larges : chaque sommet est composé d'un grand triangle, & de deux petits trapezes.

DEUXIEME ESPECE.

Borax brut de couleur bleuâtre.

Les cristaux de cette espece sont des prismes hexahedres comprimés ; il y a de ces cristaux dont les prismes ne sont point comprimés.

TROISIEME ESPECE.

Borax purifié.

Il est blanc & transparent ; lorsqu'il reste quelque tems exposé à l'air, il devient opaque ; cette altération lui arrive, parce que l'alkali de la soude perd l'eau de sa cristallisation, le sel sédatif ne peut point s'altérer à l'air.

Si on expose le borax au feu, il se li-
quefie, perd l'eau de sa cristallisation, se
boursoufle, & produit une masse spongieuse ; à un feu plus fort , ce sel se fond, &
forme un verre blanc transparent , qui
devient opaque à l'air , & qui dissout
dans de l'eau , reproduit du borax.

Si l'on verse dans une dissolution de borax un acide quelconque, on en sépare le
sel sédatif ; ce sel est feuilleté , brillant ,
& demi transparent , les acides ne peuvent
point le décomposer.

Le sel sédatif est soluble dans l'esprit de
vin ; si on y met le feu, sa flamme paroît
verte. L'altération de la flamme de l'esprit
de vin, est produite par l'acide phosphorique contenu dans le sel sédatif, dont une
portion s'unit avec le phlogistique de l'esprit de vin, & produit un phosphore, qui
en brûlant rapidement, répand une flamme jaune orangé ; du mélange de cette couleur avec la flamme bleue de l'esprit de
vin, il résulte une couleur verte.

BITUMES.

Les bitumes sont des substances minérales

inflammables; ils different par leurs confiſtan-
ces, leurs couleurs, leurs odeurs, & leurs
parties conſtituantes; ils ſont tous inflammables, & quoiqu'approchant de la nature des huiles eſſentielles, & des réſines,
ils ſont preſque inſolubles dans l'eſprit de vin.

J'ai reconnu que les bitumes qui nagent
ſur l'eau, produiſent, par la diſtillation,
une huile peſante, & que ceux qui vont
au fond de l'eau, produiſent une huile
légere.

Parmi les bitumes on compte,
- Le Charbon de terre.
- Le Napthe.
- Le Pétrole.
- La Poix minérale.
- L'Aſphalte, ou Bitume de Judée.
- Le Jayet.
- Le Succin & l'Ambre gris.
- Quelques Minéralogiſtes ont mis le ſou-
fre au rang des bitumes.

Charbon de terre.

On donne le nom de charbon de terre,
ou de houille à différentes eſpeces de terres pénétrées par une huile bitumineuſe. Ils

contiennent tous du foufre uni à de l'alkali volatil ; il y a toujours auffi une grande quantité d'alkali volatil unie à cette
huile bitumineufe.

PREMIERE ESPECE.

Charbon de terre noir & brillant.

Il y en a de très-fragile , & d'autre qui
eft dur & compact. On trouve des lits de
ce bitume dans prefque toutes les contrées,
& à différentes profondeurs ; ils font fouvent recouverts de couches de pyrites martiales , mêlées de bitumes.

Une livre de charbon de terre produit, par
la diftillation , quatre gros d'eau claire &
inodore, quatre gros d'alkali volatil , mêlé de foie de foufre, * une once d'huile
bitumineufe , dont une partie eft légere ,
& l'autre pefante , le réfidu eft noir &
fpongieux ; calciné , il perd de fa couleur,
& devient en partie attirable par l'aimant.

Le foie de foufre qui fe trouve dans tous

---

* Le foie de foufre formé par l'alkali volatil & le foufre expofé au feu s'y fublime.

les charbons de terre , est ce qui les rend
dangereux dans l'usage œconomique , &
ce qui produit l'altération des métaux qu'on
chauffe , ou qu'on exploite avec ce bitume;
la dorure est promptement noircie par l'é-
manation de ces vapeurs.

Pour se servir avec avantage du charbon
de terre pour l'exploitation des mines , il
faut lui faire éprouver une torréfaction
préliminaire. Cette préparation se fait sur
un terrein horisontal , sur lequel on ar-
range le charbon de terre par morceaux ;
on en compose une charbonniere à peu près
semblable à celles où l'on fait le charbon
de bois ; cette charbonniere ou allumelle a
douze ou quinze pieds de diametre , & deux
pieds & demi de hauteur dans le centre :
l'allumelle achevée , on la couvre avec de
la paille & de la terre franche , de l'épaisseur d'un pouce.

Lorsqu'on juge le charbon assez privé
d'huile , ce dont on s'apperçoit , lorsqu'il
ne s'éleve plus de fumée , alors on bouche
toutes les issues par où l'air pouvoit avoir
accès , pour empêcher que le charbon ne
se décompose entierement.

Une charbonniere tient le feu quatre

jours, on ne peut retirer le charbon que quinze heures après l'avoir éteint.

M. de Genſanne, dans ſon Traité de la Fonte des Mines par le feu du charbon de terre, donne la deſcription d'un fourneau où il diſtille ce bitume ; par le moyen du four qu'il employe, il retire l'huile bitumineuſe contenue dans ce charbon : elle s'y trouve dans la proportion d'un ſeizieme.

Les charbons qui ont éprouvé les eſpeces de diſtillations dont je viens de parler, ne contiennent plus de foie de ſoufre, ni d'huile ; ils ſont propres à ſuppléer au charbon ordinaire, & produiſent un degré de feu beaucoup plus fort.

J'ai fait l'analiſe de pluſieurs charbons de terre, tirés de différens pays, j'ai toujours obtenu à peu près les mêmes produits ; je n'y ai jamais trouvé, ni l'acide, ni le ſel, de la nature de celui du ſuccin, que Meſſieurs Juncker & Vallerius diſent qu'on y rencontre.

DEUXIEME ESPECE.

Charbon de terre chatoyant.

Ce charbon refraête les rayons de la lumiere, comme la gorge des pigeons.

TROISIEME ESPECE.

Charbon de terre mêlée de pyrites.

On ne fait point ufage de cette efpece.

QUATRIEME ESPECE.

Charbon de terre vitriolique.

Il s'en trouve dans le Rouergue, entre Sivrac & Milo, à deux lieues de l'Evêché de Rhodez à fept ou huit pieds de profondeur, il eft difpofé par lits ; les uns font noirs, & compofés de charbon de terre ; les autres font d'un verd d'aiguemarine , & font formés de criftaux de vitriol martial ; on trouve fouvent dans ces charbons des pyrites martiales & de l'ochre jaune.

Ce charbon produit par quintal vingt-cinq livres de vitriol martial.

Le charbon de terre de Sivrac, diſtillé après avoir été leſſivé, produit de l'eau qui tient en diſſolution un foie de ſoufre volatil, & une huile peſante ; diſtillé avant d'avoir été leſſivé, il produit de l'acide ſulphureux, un ſel ammoniac ſulphureux & un peu d'huile légere.

Il y a des charbons de terre, qui après avoir été expoſés à l'air quelque tems , ſe couvrent d'une effloreſcence alumineuſe.

N A P T H E.

Le napthe eſt une huile bitumineuſe très-fluide, d'une odeur très - ſubtile ; elle eſt de la nature de l'huile de pétrole, & me paroît devoir ſon origine à ce bitume ; ne ſeroit-ce point une rectification naturelle de l'huile de pétrole !

Monſieur Wallerius dit qu'il y a du napthe blanc, rouge & verd.

H U I L E   D E   P É T R O L E.

Ce bitume eſt fluide & un peu épais ;

fa couleur eſt brune, il a une odeur forte.

Le pétrole ſuinte à travers les fentes des rochers, il me paroît être le produit des charbons de terre décompoſés.

L'huile de pétrole ſe trouve ſouvent mê- lée avec différentes terres ; quelquefois on la trouve à la ſurface des eaux.

On trouve dans la Province de Langue- doc, près Beſiers, une huile de pétrole, connue ſous le nom d'huile de gabian.

POIX MINÉRALE.

Ce bitume eſt noir, a la conſiſtance d'un baume épais & une odeur forte ; il paroît être produit par l'huile de pétrole : on peut l'employer aux mêmes uſages que le gou- dron.

ASPHALTE, OU BITUME DE JUDÉE.

Il a la conſiſtance des réſines & nage ſur l'eau, lorſqu'on le frotte ou qu'on le chauffe ; il répand une odeur forte & déſagréable : ce bitume eſt produit par la poix minérale épaiſſie. On en trouve en grande quantité ſur le Lac Aſphaltide, qu'on nomme au- jourd'hui Mer Morte. On a découvert des

mines

mines d'afphalte, à Neuf-Châtel, en Suiffe.

J'ai du cinabre du Duché de Deux-Ponts, où il fe trouve de l'afphalte.

L'huile qu'on retire par la diftillation du bitume de Judée, eft très-fétide. Ce bitume ne produit point de fel acide.

JAIS OU JAYET.

Ce bitume eft noir, fufceptible du poli, & moins fragile que le charbon de terre ; il eft électrique, & nage fur l'eau. On trouve le jayet difpofé par couches, comme le charbon de terre ; il eft fouvent couvert d'une efflorefcence martiale, d'un jaune pâle ; on en trouve en Suede, en Allemagne, en France, &c.

Le jayet produit, par la diftillation, de l'eau claire, infipide & inodore, une huile légere & citrine, & une grande quantité d'huile noire épaiffe & fétide ; cette huile eft mêlée avec de l'alkali volatil, c'eft une matiere oleo-favonneufe.

Ce bitume contient plus de terre que l'afphalte, on s'en apperçoit par le réfidu de la diftillation.

C

SUCCIN, AMBRE JAUNE OU KARABÉ.

Ce bitume fe trouve en grande quantité dans la Mer Baltique, proche les côtes de la Pruffe ; comme il eft plus pefant que l'eau, on profite du tems où la mer eft agitée, pour le pêcher ; on trouve auffi du fuccin dans le fein de la terre ; il varie par la couleur, eft fufceptible du poli, & differe des autres bitumes par le fel acide qu'il contient : le fuccin eft très-électrique.

PREMIERE ESPECE.

Succin jaune tranfparent.

Sa couleur eft plus ou moins foncée ; on trouve dans quelques morceaux des infeétes & des corps étrangers.

DEUXIEME ESPECE.

Succin rouge tranfparent.

Il ne differe du précédent, que par la couleur.

TROISIEME ESPECE.

Succin opaque.

Il y en a de blanc, de jaune, & de rougeâtre.

Le fuccin qu'on trouve dans les Pyrenées, eft opaque & jaunâtre, & paroît
compofé de différentes couches ; il eft
beaucoup plus fragile que les précédens.

Le fuccin produit, par la diftillation, de
l'eau acide, une huile légere, & un fel
ac ide concret.

AMBRE GRIS.

Les Naturaliftes ont beaucoup differté fur
l'ambre gris, fans expliquer fon origine, ni
déterminer le regne auquel il appartient;
quelques-uns ont dit que c'étoit un produit
animal, parce qu'on en trouve quelquefois
dans l'eftomach des cétacés, mais la couleur & l'odeur de cet ambre font altérées.

L'ambre gris eft un bitume léger, d'une
confiftance molle, à peu près comme la
cire, d'une odeur douce & agréable ; le
meilleur vient des Ifles de Madagafcar, &

de Sumatra ; il est gris, & a intérieurement des taches blanches, noires, ou jaunes ; quelquefois il est feuilleté : on le trouve ordinairement à la surface des eaux, en masses très-considérables, elles renferment souvent dans leur intérieur des arrêtes de poisson, & d'autres parties animales, des pierres, &c.

L'ambre gris, de même que la plûpart des bitumes, ne se dissout qu'en très-petite quantité dans l'esprit de vin, il a une odeur assez suave, on l'emploie pour exalter celle du musc, & l'on donne improprement le nom d'ambre à cette préparation.

L'ambre gris produit, par la distillation, de l'eau acide, une huile noirâtre, épaisse & pesante, dont l'odeur est forte & assez agréable ; une demie once de ce bitume, après avoir été distillé, a laissé dans la cornue vingt grains d'un charbon très-léger.

Fin de la premiere Partie.

SECONDE PARTIE.

DES TERRES.

LA plûpart des Chymiftes & des Minéralogiftes ont reconnu différentes efpeces
de terres ; je n'en admets qu'une que je
nomme terre primitive, ou terre abforbante, fuivant fa combinaifon avec les acides,
elle donne naiffance à toutes les autres ;
c'eft ce que j'efpere démontrer dans cet
Ouvrage

La terre abforbante fert de bafe aux
fubftances végétales & animales, elle ne fe
trouve point pure dans le regne minéral ; le
moyen le plus fimple pour l'obtenir pure,
eft de calciner à blanc les fubftances offeu-
fes animales & de les leffiver à plufieurs eaux;
il faut enfuite les deffécher, les calciner & les
leffiver une feconde fois ; la terre qu'on obtient par ce moyen eft très-blanche, goutée
elle n'imprime aucun fentiment ; expofée au
feu, elle n'y éprouve aucune altération, &
ne fe vitrifie point ; lorfqu'on verfe de l'eau

fur cette terre defféchée , elle l'abforbe
avec bruit & fans qu'on y remarque de chaleur ; cette eau en s'évaporant rapproche
les molécules terreufes & leur fait prendre
corps ; la terre abforbante eft employée
pour faire les coupelles.

La terre abforbante combinée avec les
acides , produit des fels différens. L'acide
phofphorique eft celui qui a le plus de rapport avec cette terre ; lorfque cet acide eft
combiné avec une partie de terre abforbante,il en réfulte la terre calcaire,on doit la
confidérer comme un fel avec excès de terre
abforbante ; fi cet excès a été faturé d'acide
phofphorique , il en réfulte le fpath fufible.

Si la terre abforbante qui fe trouve en
excès dans la terre calcaire a été faturée
d'acide vitrioliqu e , il en réfulte le kaolin ,
l'argille , la pierre ollaire , l'amiante , &c.
Ces fubftances , comme on voit , font compofées de deux acides différens & d'une
même terre.

Le gypfe eft un fel neutre produit par
l'acide vitriolique & la terre abforbante.

Le quartz réfulte de la combinaifon del'a-
cide vitriolique,avec une efpece d'alkali fixe.

Le bafalte eft formé par l'acide phofphorique & un alkali fixe femblable à celui du quartz.

La zéolite, & la marne, font dues aux mélanges des fels précédens, auxquels je laifferai les noms qu'on a coûtume de leur donner, afin de ne point produire une table de mots, pour donner l'intelligence des matieres dont je parlerai dans ces Elemens de Minéralogie.

TERRE CALCAIRE.

La terre calcaire eft un fel avec excès de terre abforbante, elle eft produite par les fubftances animales, qui après avoir été enfouies en terre fe font décompofées.

Prefque tous les Naturaliftes s'accordent pour dire que la terre calcaire eft produite par les coquilles, & les madrépores ; les animaux qui les habitoient font comme tous les animaux carnivores, compofés d'un fel ammoniac phofphorique, d'une matiere huileufe & de terre abforbante ; dans le tems de la putréfaction de ces fubftances animales, l'alkali volatil fe dégage & l'acide fe combine avec une partie de la terre abforbante, il en réfulte un fel avec excès de terre.

La terre calcaire contient une matiere

graſſe, qui la rend inſoluble dans l'eau &
propre à réduire les chaux de plomb & de
biſmuth.

PREMIERE ESPECE.

CRAIE.

C'eſt une terre calcaire très-diviſée ; on
en trouve en France & dans d'autres contrées , des montagnes entieres ; elle y eſt
diſpoſée par couches, on y rencontre ſouvent des empreintes d'ourſins & de coquilles, des cailloux & des veines métalliques.

La craie varie par ſa couleur ; lorſqu'elle
eſt pure, elle eſt très-blanche, elle ſe laiſſe
pénétrer par l'eau & s'y diviſe ; pour la ſéparer des matieres étrangeres qu'elle peut
contenir , on la délaye dans une grande
quantité d'eau ; on décante cette eau qui
tient la craie ſuſpendue , enſuite on la laiſſe
repoſer juſqu'à ce que la craie ſe ſoit pré-
cipitée; on décante l'eau, & lorſque la craie
a acquis aſſez de conſiſtance , on en forme
de petits cylindrès, connus dans le commerce ſous le nom de blanc d'Eſpagne ; quelquefois on les colore en rouge & on leur
donne le nom de tripoli.

Boyle rapporte qu'on trouve en Angleterre une craie blanche, qui s'échauffe con-
fidérablement avec l'eau ; la craie dont j'ai
parlé ci-deffus , abforbe l'eau affez rapidement, mais fahs chaleur fenfible.

On trouve fouvent dans des cavités à la
furface de la terre, ou dans fon intérieur,
de l'eau mêlée avec de la craie ; on la nomme *guhr*, ou craie coulante, l'eau en s'é-
vaporant y laiffe la craie ; lorfqu'elle eft en
poudre très fine , on la nomme farine foffile ;
lait de lune & * agaric minéral , lorfqu'elle
eft en maffes légeres & poreufes.

Le *guhr*, en s'infiltrant dans les grottes
qui font dans les montagnes, dépofe la craie
& produit des accroiffemens de différentes
formes , qu'on nomme ftalactites , quand ils
adherent aux parois fupérieurs des grottes,
& ftalagmites quand ils fe trouvent fur le
fol.

Les ftalactites produites par le *guhr* calcaire , font toûjours opaques & poreufes ;
les ftalactites tranfparentes font formées par
la terre calcaire tenue en diffolution ; elle
n'acquiert la propriété de fe diffoudre qu'a-
près avoir été calcinée.

---

* Le Sinter des Allemands.

PIERRE CALCAIRE.

La pierre calcaire se trouve à différentes profondeurs dans le sein de la terre, quelquefois à sa surface, elle est toûjours accompagnée d'argille, souvent elle se rencontre entre deux lits de cette terre. Les bancs de pierres calcaires different par leur dureté, leur épaisseur, & les corps marins qu'ils contiennent. Dans les carrieres d'où on retire les pierres calcaires, on remarque que les bancs sont composés de plusieurs couches & ces dernieres de différens lits qui se séparent quelquefois d'eux-mêmes, lorsque la pierre reste long-tems exposée à l'air; il y en a d'autres, qui loin de s'y déliter y acquierent de la dureté.

La solidité de la pierre calcaire ne peut être attribuée qu'à une espece de cristallisation ; mais pour en être susceptible, il faut que la terre calcaire ait éprouvé l'action du feu, il lui enleve une partie de sa matiere grasse & la rend soluble dans l'eau, alors elle y cristallise de différentes manieres, suivant que l'eau de la dissolution s'est évaporée plus ou moins promptement.

Dans la pierre calcaire , la criftallifation eft confufe.

Suivant la forme & la nature des corps marins qui fe trouvent dans la pierre calcaire , on lui donne différens noms ; celui de coquilliere lorfqu'elle renferme des coquilles ; de numifmale , de liards S. Pierre & de pierre frumentaire , à celle qui contient un petit coquillage rond renflé dans le milieu , & qui fuivant le fens dont la pierre a été caffée repréfente ou des furfaces rondes ou des ovoïdes , alors elle paroît repréfenter la coupe d'un grain de froment : prefque toutes les pierres calcaires qui fe trouvent dans les environs de Noyon & fur-tout à Salency , petit village fitué à quelques lieues de cette Ville , en font compofées.

Les pierres calcaires font employées pour la bâtiffe : on préfere celles qui ont un tiffu ferré & le grain fin , à celles qui contiennent des coquilles dont l'intérieur eft fouvent creux.

Les pierres calcaires nouvellement retirées de leur carriere font tendres ; fi elles éprouvent un degré de froid confidérable elles fe brifent avec bruit ; on doit attribuer cet effet à l'eau dont elles font pénétrées lorfqu'elles font dans la terre ; il y a des efpeces de pierre calcaire qui perdent leur confiftence , & qui fe délitent lorfque cette eau s'évapore ; il y en a d'autres qui fe durciffent & qui acquierent de la blancheur.

La pierre calcaire des environs de Paris eft d'un blanc jaunâtre ; celles qui font colorées en rouge ou en verd , contiennent des terres métalliques.

MARBRES.

On nomme Marbres les pierres calcaires fufceptibles de poli ; on remarque dans leurs carrieres à peu près les mêmes varietés que dans celles d'où l'on retire la pierre calcaire. Les marbres font ordinairement colorés par différentes terres métalliques, on y trouve fouvent des pyrites ; les criftaux qui compofent le marbre font beaucoup plus fins & plus raffemblés que ceux de la pierre calcaire.

Le marbre pur eft blanc, on en trouve quelquefois de tranfparent ; lorfqu'il eft coloré il eft toûjours opaque ; le marbre noir

ne doit point fa couleur à des terres métalliques, puifqu'il devient blanc après avoir
été calciné.

On trouve dans quelques efpeces de marbres des corps marins qui n'ont point perdu leurs configurations, des coquilles, des
bélemnites, des madrépores, des entro-
ques, &c.

On remarque dans le marbre de Florence
toutes fortes de figures; il y en a qui repréfentent des montagnes, des villes, des
tours, &c. On trouve dans celui de Heffe,
des dendrites.

Les Lythographes ont donné des noms
différens aux marbres, fuivant leurs couleurs; je ne les rappellerai point ici, mais
je me contenterai de dire que la couleur &
la dureté des marbres varient beaucoup.

SPATH CALCAIRE.

On doit confidérer le Spath comme la
pierre calcaire la plus pure, il n'en differe
que par fa criftallifation qui eft plus réguliere; les criftaux de fpath calcaire repréfentent des rhomboïdes, ou des prifmes à
plufieurs pans & quelquefois des pyrami-

des. Quoique les criftallifations des fels varient fingulierement & qu'on pourroit
fouvent s'en impofer , fi l'on jugeoit d'a-
près les formes des criftaux ; je puis avancer que le fpath calcaire ne criftallife jamais
en cubes , & que les Minéralogiftes qui lui
ont reconnu cette configuration , l'ont confondu avec le fpath fufible.

PREMIERE ESPECE.

*Spath calcaire dont les criftaux font des
prifmes à fix pans de différentes largeurs,
trois grands & trois petits.*

On en trouve qui ont deux pans fort
larges & quatre petits. La longueur & la
groffeur de ces prifmes varient beaucoup ;
il y en a dans les mines du Hartz qui ont
fept pouces de long fur huit lignes de diametre. Ces criftaux font tranfparens.

DEUXIEME ESPECE.

Spath criftallifé en prifmes hexagones ftriés.

Il eft demi tranfparent & fe trouve en

Espagne ; ces criſtaux ſont quelquefois grouppés & recouverts d'une terre martiale rougeâtre. Il y en a qui ont vingt lignes de long, ſur huit de diametre.

TROISIEME ESPECE.

Spath criſtalliſé en priſmes à douze pans.

Les criſtaux de ce ſpath n'ont ſouvent que deux lignes d'épaiſſeur , ſur ſix de diametre ; ils ſe trouvent en Eſpagne.

QUATRIEME ESPECE.

Spath criſtalliſé en priſmes à ſix pans terminés par une pyramide à trois pans.

Ce ſpath eſt demi-tranſparent , les pans des priſmes ſont inégaux. Il y a des géodes quartzeuzes , dans l'intérieur deſquelles on trouve des criſtaux de cette eſpece qui ont ſix pouces de long ſur ſix lignes de diametre.

CINQUIEME ESPECE.

Spath criſtalliſé en priſmes à ſix pans,
terminés par une pyramide
hexahedre tronquée.

Les plans de la pyramide ſont alternativement triangulaires & hexahedres. Le ſommet eſt triangulaire.

Ce ſpath eſt demi tranſparent & rougeâtre ; il a été trouvé dans les mines de cinabre du Duché de Deux-Ponts.

SIXIEME ESPECE.

Spath criſtalliſé en pyramides à trois pans.

Il eſt blanc & tranſparent.

SEPTIEME ESPECE.

Spath criſtalliſé en pyramides à ſix pans.

Il eſt tranſparent ; on lui a donné le nom
de dents de cochon ; on en trouve de très-
beaux grouppes en Angleterre , dans les
mines

mines de Derbyhire & dans celles de Sommerfet ; on rencontre auffi quelquefois des criftaux de fpath formés par deux de ces pyramides , unies par leurs bafes ; il y a de ces pyramides qui ont deux pouces de haut , & dont la bafe à quinze lignes.

HUITIEME ESPECE.

!Spath rhomboïdal , ou d'Iflande.

Lorfque ces criftaux font tranfparens , ils font paroître doubles les objets qu'on voit à travers. Les fragmens de ce fpath font des rhomboïdes, qui font eux-mêmes compofés de petits feuillets qui ont la même forme.

NEUVIEME ESPECE.

Spath lenticulaire.

Les criftaux de ce fpath font tranfparens & ont douze facettes ; ils font compofés de deux pyramides à trois pans, fèparées par un prifme à fix pans ; le prifme dans les grands criftaux n'a fouvent qu'une ligne de hauteur & chaque pyramide une ligne &

demie. Il s'en trouve de très-réguliers dans les mines de plomb du Limousin ; il y en a qui ont dix-huit lignes de largeur & quatre lignes de haut dans le centre.

DIXIEME ESPECE.

Pierre porc prismatique.

Ce spath est empreint d'huile de pétrole, sa couleur est brune ; quand on le frotte ou qu'on le chauffe , il répand une mauvaise odeur ; c'est ce qui l'a fait nommer pierre-porc ou pierre puante.

Il y a une espece de pierre porc feuille-tée & grise , qui doit son odeur à du foie de soufre ; lorsqu'on la frappe avec le briquet,elle produit une odeur fétide insupportable.

ONZIEME ESPECE.

Spath cristallisé en cylindres.

Ces cylindres font creux dans leur inté-rieur, il y en a qui ont cinq à six pouces de long & qui n'ont pas plus d'une ligne de diametre dans toute leur longueur ; ce font des efpeces de ftalactites. Ce fpath eft tranfparent.

DOUZIEME ESPECE.

Spath calcaire ftrié.

Ce fpath eft opaque, on le nomme *flos ferri*; c'eft une ftalactite remarquable par la difpofition & l'entrelaffement des cylindres dont elle eft compofée : ces cylindres n'ont pas plus d'une ligne & demie de diametre ; fi on les caffe, on reconnoît qu'ils font compofés de ftries qui fe diftribuent du centre à la circonférence.

STALACTITE.

Les Stalactites tranfparentes ne different point du fpath, elles doivent leur naiffance à de l'eau qui tient en diffolution de la terre calcaire ; cette diffolution infiltrée dans les cavités des grottes y criftallife de différentes manieres , ces concrétions font nommées ftalactites , la plupart font trouées dans leur centre , & font criftallifées plus régulierement vers la partie la plus mince ,

qui eſt celle qui adhere aux parois ſupé-
rieures de la grotte, qu'a l'extrêmité qui eſt
ſouvent mammelonnée & terminée en maſſe.
La ſtalactite eſt plus mince vers la voute
de la grotte, parce que la diſſolution qui l'a
produite étoit plus fluide; c'eſt par la même
raiſon que ce pédicule eſt criſtalliſé plus
régulierement. Quant au trou qu'on remarque dans l'intérieur de la plûpart des
ſtalactites, il a ſervi de paſſage à l'air.

Les ſtalactites different des ſtalagmites
par leurs formes, ces dernieres ſe trouvent
ſur le ſol des grottes, elles ſont mammelon-
nées, diſpoſées par couches & ſouvent colorées, on les nomme albâtre calcaire. On
en trouve de demi-tranſparentes & d'opaques; lorſque pluſieurs petites ſtalagmites
rondes ſont raſſemblées, on les nomme
ammites, piſolithes, oolithes.

INCRUSTATION.

L'eau qui tient en diſſolution de la terre
calcaire, dépoſe les criſtaux de ce ſel ſur
la plûpart des corps & produit les incruſ-
tations.

Tous les ſels qu'on diſſout dans l'eau ſe

décompofent en partie , les fels métalliques plus promptement que ceux qui ont pour bafe des terres , alors l'acide s'altere & produit une matiere graffe de la nature de l'huile ; c'eft cette même matiere qui fe trouve dans les eaux meres des fels ; dans la diffolution de la terre calcaire , c'eft à une décompofition femblable qui arrive à l'eau de chaux , qu'eft due la criftallifation rapide qu'on voit à fa furface.

GEODE.

On donne ce nom à des maffes de pierres de différentes groffeurs, dont l'intérieur eft creux & ordinairement tapiffé de criftaux.

Ludus Helmontii.

C'eft une pierre calcaire en maffe fphéroïdale fort comprimée, l'épaiffeur diminue vers les bords, ce qui lui donne affez de reffemblance avec un pain rond ; on remarque fur cette pierre des cloifons fpatheufes plus ou moins élevées, depuis une ligne jufqu'à cinq, qui forment fur une de fes furfaces des compartimens polygones de

toutes fortes d'angles & de différens dia-
metres, mais grands pour la plûpart ; ces
cloifons pénetrent auffi dans l'intérieur de
la maffe qu'elles partagent en plufieurs polygones, dónt les interftices font ordinai-
rément tapiffés de petits criftaux de pierre
calcaire ; on trouve des *Ludus helmontii* formés d'un affemblage de prifmes à quatre,
cinq, fix, fept & huit pans ferrés les uns
contre les autres, & féparés par des cloifons fpatheufes d'une ligne d'épaiffeur.

Les différentes efpeces de pierres calcaires, dont je viens de parler, fe reffemblent
toutes par leurs propriétés ; elles font effervefcence avec les acides ; dans cette expérience, il n'y a que la portion de terre abforbante qui entre comme partie conftituante de la terre calcaire, qui fe combine
avec les acides ; le fel phofphorique qui s'y
trouve n'éprouve point d'altération.

Lorfqu'on calcine de la pierre calcaire,
elle décrépite ; j'ai remarqué que cette décrépitation étoit plus ou moins forte, fuivant la criftallifation qu'elle affectoit, que
le fpath décrépitoit beaucoup plus que le
marbre, & ce dernier beaucoup plus que la
pierre calcaire : pendant la calcination la

pierre calcaire commence par perdre l'eau de sa cristallisation, c'est à elle qu'est due la décrépitation, ensuite la matiere grasse qui entre comme partie constituante des cristaux se décompose, alors la pierre à chaux change de couleur ; j'ai vû des spaths jaunâtres transparens devenir noirs, & par une calcination long-tems continuée, devénir blancs & opaques.

Lorsqu'on calcine de la pierre calcaire, l'acide phosphorique qu'elle contient s'unit au phlogistique & forme une espece de phosphore, qui en se combinant avec une partie de la terre absorbante de la terre calcaire, forme un foie de soufre très - avide de l'humidité & qui répand une odeur fétide lorsqu'elle est exposée à l'air. Si l'on verse dessus du vin ou du vinaigre, l'odeur d'œufs couvis qui se dégage, est bien plus forte.

Les propriétés phosphoriques dont jouissent la plûpart des pierres calcaires après la calcination, sont dues à cette espece de phosphore.

La pierre calcaire calcinée perd sa transparence & une partie de son poids, on la nomme alors chaux vive ; dans cet état si on l'expose à l'air, elle se gerse, se divise & se réduit

d'elle-même en une poudre blanche très-fine, qu'on nomme chaux éteinte; une livre de
chaux vive attire au moins cinq onces d'eau
de l'atmofphere. La chaux vive eft cauftique, la chaux éteinte ne l'eft point, elle
eft moins foluble dans l'eau que la chaux
vive ; la pierre calcaire y eft infoluble avant
la calcination.

Si l'on verfe un peu d'eau fur la pierre
calcaire nouvellement calcinée, elle l'abforbe avec bruit, peu après elle fe gerfe ; fi
l'on en verfe d'autre, elle fe fend avec
éclats : ceux-ci fe fubdivifent bien-tôt & fe
réduifent en une poudre très-fine, femblable à la chaux éteinte.

Dans le tems où l'on éteint ainfi la chaux,
il s'excite un degré de chaleur affez confidérable pour brûler de la paille & l'enflammer,
ce qui n'a pas lieu, lorfqu'elle s'éteint à
l'air ; fi l'on a mis fur de la chaux qu'on a
éteinte une grande quantité d'eau, elle en
diffout une partie, on la nomme eau de
chaux ; elle a un goût qui la fait aifément
reconnoître & elle jouit de prefque toutes
les propriétés des alkalis fixes ; il fe forme
à la furface de cette eau des criftaux feuilletés tranfparens aufquels on a donné le

nom de crême de chaux; ce sel est un spath calcaire; exposé au feu, il décrépite, perd sa transparence & se réduit en chaux.

L'eau de chaux peut être décomposée par l'alkali fixe, chaque once laisse précipiter près de deux grains de terre absorbante; on peut séparer par le même moyen de la pierre calcaire calcinée, l'acide phosphorique qu'elle contient, on obtient alors une terre absorbante; par la calcination, elle n'est plus propre à produire de la chaux. La lessive du mélange de l'alkali fixe & de la chaux vive tient en dissolution un sel neutre produit par l'acide phosphorique de la chaux & l'alkali fixe; si on la rapproche par l'évaporation, on obtient un sel neutre d'un gris verdâtre, qu'on nomme pierre à cautere; ce sel est très-déliquescent, très-caustique & très-fusible, il ne peut être décomposé par les acides minéraux.

Si on expose au feu dans un creuset de la pierre à cautere, elle se liquéfie, se boursoufle, & se fond; alors elle est fluide comme de l'huile & ne se boursoufle plus, pendant ce tems elle répand une odeur très-fétide; si l'on tient cette matiere long-tems en fusion, l'acide phosphorique se dissipe,

il ne reſte plus au fond du creuſet que de
l'alkali fixe très-blanc.

Dans la Métallurgie on employe la pierre
calcaire , pour ſervir de fondant au fer ;
on la nomme caſtine.

La chaux éteinte a la propriété de décompoſer le quartz ; le mortier qu'on employe dans l'architecture , eſt compoſé de
chaux éteinte & de quartz diviſé.

SPATH FUSIBLE.

La pierre que je déſigne ſous le nom de
ſpath fuſible eſt un ſel neutre , formé d'acide phoſphorique & de terre abſorbante ;
ſa peſanteur eſt plus grande que celle des
autres pierres ; ce ſpath fuſible ſe caſſe aiſément.

Le ſpath fuſible a été connu ſous les
noms de ſpath vitreux & de petunzé ; ce ſel
n'eſt point fuſible ſans intermede ; mêlé
avec les alkalis & les ſables , il les fait
entrer rapidement en une fuſion fluide ; on
doit attribuer cette propriété à ſon acide ,
de même que ſa peſanteur.

La criſtalliſation du ſpath fuſible differe
beaucoup de celle du ſpath calcaire.

Le spath fusible ne fait point effervescence avec les acides.

PREMIERE ESPECE.

*Spath fusible cristallisé en prismes à quatre
pans , terminés par une pyramide
à quatre pans.*

Ce spath est jaunâtre & demi-transparent, les prismes sont composés de pans
inégaux : il y en a deux larges & deux
étroits; les pans d'égale largeur sont opposés, les faces de la pyramide qui répondent
aux côtés larges du prisme sont triangulaires, les deux autres sont des trapezes.

Ce spath se trouve en Auvergne ; ces
cristaux ont quelquefois trois pouces & demi de haut & quinze lignes de diametre ;
ils sont composés de petits feuillets quarrés
très-minces.

DEUXIEME ESPECE.

Spath fusible cubique.

Les cristaux de ce spath varient beau-

coup par la grandeur , il y en a qui ont un
pouce de diametre , d'autres n'ont qu'une
ligne ; ils font compofés de petites lames
quarrées ; ces fpaths different par la couleur ; il y en a de blancs , de jaunes , de
bleus , de verds & de violets. Iis font ordinairement tranfparens. On trouve de ces
cubes dont les angles font tronqués.

TROISIEME ESPECE.

Spath fufible criftallifé en lames quarrées ,
dont les extrémités font coupées en bifeaux.

Ces criftaux font blancs ou bleuâtres ,
il y en a de tranfparens & d'opaques , ils
varient par leur grandeur , il y en a qui ont
vingt lignes , & d'autres fix.

Les criftaux de ce fpath fe trouvent prefque toujours grouppés.

QUATRIEME ESPECE.

Spath fufible perlé.

Les criftaux de ce fpath font de petites
lames quarrées , renflées dans le milieu &

amincies vers leurs bords, ils font grouppés de différentes manieres, ils varient par leur couleur & font ordinairement opaques.

Il y a de ce fpath qui eft blanc & luifant comme les perles, il devient d'un jaune doré, lorfqu'on met un peu d'acide deffus.

CINQUIEME ESPECE.

Spath fufible ftrié.

Il eft jaunâtre & opaque, il fe trouve dans le Comté de Sommerfet.

SIXIEME ESPECE.

Pierre de Bologne.

Ce fpath fufible eft grisâtre & demi-tranfparent ; il eft ordinairement compofé de feuillets quarrés ; quelquefois ces criftaux font difpofés en ftries & fe diftribuent du centre à la circonférence.

On trouve fouvent du fpath fufible criftallifé irrégulierement, dans lequel on remarque différentes couleurs, du bleu, du violet, du verd & du blanc ; ce ſpath eſt ſuſceptible du poli, mais il paroît étonné.

On trouve en Angleterre un ſpath fuſible bleu & blanc, avec lequel on fait des vaſes.

On a donné le nom de fluor ou de flux au ſpath fuſible, parce qu'il accélere la fuſion des autres terres : dans les flux qu'on employe pour réduire les ſubſtances métalliques, on peut le ſubſtituer avec avantage au borax ; il ſe fond ſans ſe bourſoufler, pourvû qu'on l'ait mêlé avec un peu d'alkali fixe, ou de terre calcaire.

Les ſpaths fuſibles deviennent phoſphoriques par la calcination ; pour reconnoître cette propriété, il faut les préſenter au jour & les tranſporter enſuite dans un lieu obſcur, alors ils paroiſſent rouges & pénétrés de feu ; pendant ce tems on n'apperçoit point de chaleur, & l'on remarque que cette propriété lumineuſe ſe diſſipe bien-tôt dans l'obſcurité ; pour la faire reparoître, il faut expoſer de nouveau au jour ces ſpaths nommés phoſphores de Boulogne.

Le ſpath fuſible devenu phoſphorique par la calcination, répand une odeur de foie de ſoufre décompoſé ; cette odeur devient plus forte fi l'on verfe deffus un acide.

KAOLIN, *terre à Porcelaine.*

La terre calcaire faturée d'acide vitriolique, produit le kaolin ; ce fel eft compofé d'acide phofphorique & d'acide vitriolique, combinés avec la terre abforbante.

Le kaolin fe trouve dans deux états dans la terre, l'un eft doux au toucher & trèsdivifé ; lorfqu'on le goûte il fe délaye dans la bouche ; lorfqu'on l'expofe au feu il perd fon onctuofité, fes molécules fe réuniffent ; il paroît alors grenu & ne fe divife plus lorfqu'on le goûte ; il y en a beaucoup de cette efpece.

Le kaolin fe trouve par couches comme l'argille, il contient fouvent du quartz, du mica, & quelquefois des terres métalliques.

Le kaolin blanc eft le plus eftimé, on en trouve une grande quantité en Auvergne.

On peut faire un kaolin artificiel en faturant d'acide vitriolique de la terre calcaire ; plus cette terre eft pure, plus le kaolin qu'on obtient eft beau ; quand la faturation eft faite, il faut avoir foin de laver le nouveau fel avec beaucoup d'eau & enfuite le faire fécher ; ce kaolin eft d'une blancheur & d'une divifion furprenante. Il differe cependant un peu du kaolin naturel, ces fels éprouvant dans la terre de l'altération par le laps du tems.

Si l'on diftille le kaolin avec de l'acide vitriolique, il paffe en premier un peu d'acide fulphureux, enfuite de l'acide vitriolique ; il faut avoir foin de faire un feu affez fort pour rougir la cornue ; le réfidu de la diftillation leffivé produit par l'évaporation de l'alun, celui-ci criftallife bien plus aifément que celui qu'on retire de l'argille par le même procédé ; les deux tiers du kaolin paffent à l'état d'alun, par ce moyen, tandis qu'il n'y a dans l'argille que les trois huitiémes qui puiffent fournir de l'alun.

De tous les intermedes terreux , c'eft le kaolin , qui eft le plus propre à décompofer le nitre.

A M I A N T E , L I N F O S S I L E.

L'amiante eft compofée de fibres flexibles, qu'on peut filer & employer pour faire

de

de la toile ; ce fel a toutes les propriétés du kaolin.

L'amiante de la Chine eſt blanc & luiſant comme du ſatin, celui des Pyrenées eſt gris, on en trouve quelquefois dans du ſpath & dans du quartz.

Lorſque les fibres de l'amiante ſont entrelaſſées & qu'elles paroiſſent par leur contexture former des feuillets, on le nomme *amiante feuilleté, cuir foſſile.*

Lorſque les feuillets ſont plus épais, on le nomme *chair foſſile.*

Le *liége foſſile* ne differe du cuir foſſile que par la maniere dont les fibres de l'amiante ſont raſſemblées.

Ces différentes eſpeces d'amiante expoſées au feu perdent de leur flexibilité, & ſe vitrifient promptement lorſqu'elles ſont mêlées avec des terres métalliques.

Un mélange de parties égales d'amiante, de ſpath fuſible & d'alkali fixe, ſe fond très-facilement, & produit un verre tranſparent d'une couleur verte.

A S B E S T E.

L'Asbeſte eſt de la même nature que l'amiante.

E

L'asbeste est ordinairement composé de fibres paralleles très-fragiles; elles different par la couleur, la grosseur & leur arrangement. Il y a des asbestes blancs, de gris, de verts & de jaunâtres ; ils se trouvent souvent confondus avec l'amiante.

On a donné improprement le nom *d'alun de plume* à un asbeste blanc , qui se divise aisément , & dont les fibres sont très-fines.

L'asbeste peut servir d'intermede pour décomposer le nitre.

MICA, VERRE DE MOSCOVIE.

Les cristaux du verre de Moscovie sont transparens & composés de feuillets flexibles & très-minces ; ceux qu'on trouve dans les granits sont quelquefois très-réguliers & représentent des prismes à six pans, d'une ligne d'épaisseur , sur six lignes de diametre ; ces prismes ont trois de leur pans larges & trois étroits.

La grandeur des cristaux du verre de Moscovie varie beaucoup ; j'en ai qui ont deux pieds & demi de long, sur un de large.

Le verre de Moscovie exposé au feu se

divise par feuillets & perd sa transparence.

M I C A.

Le Mica est produit par la division des parties du verre de Moscovie, il est brillant & doit cette propriété à sa demi-transparence.

On donne le nom d'argent de chat au mica blanc, d'or de chat à celui qui est jaune.

Le mica varie beaucoup par la couleur; il y en a de blanc, de jaune, de rouge, de noir, &c.

Le mica est souvent mêlé avec d'autres terres, pour le séparer il faut les laver; étant plus léger, il reste plus long-tems suspendu dans l'eau.

On trouve à Fecherolles, village situé à une lieue de la forêt de Marly, une petite montagne composée de mica, de sable rougeâtre & de petites géodes martiales de la même couleur.

Il y a des argilles & des granits qui contiennent une grande quantité de mica.

Le mica peut servir comme le kaolin pour décomposer le nitre; l'acide nitreux qu'on obtient par cet intermede, est très-rutilant.

Si l'on distille du mica avec de l'acide vitriolique, il passe d'abord de l'acide sulphureux, ensuite de l'acide vitriolique; le résidu lessivé produit des cristaux d'alun très-réguliers & en bien plus grande quantité que le tripoli & le kaolin ; si on employe un mica rougeâtre, la lessive contient un peu de vitriol martial.

PIERRE OLLAIRE.

Cette pierre a les propriétés du kaolin ; elle en differe par son onctuosité , sa couleur & l'union de ses molécules qui la rendent susceptible du tour & du poli ; la pierre ollaire perd au feu son poli & son onctuosité, elle y acquiert de la dureté.

PREMIERE ESPECE.

Serpentine.

La pierre ollaire varie par la couleur & la finesse des molécules salines dont elle est composée : on nomme Serpentine, celle où l'on trouve des taches femblables à celles qu'on remarque fur la peau des ferpens ; cette efpece fe tourne facilement & reçoit le plus beau poli, elle eft ordinairement opaque & varie fingulierement par les nuances de la couleur verte qu'on y remarque.

DEUXIEME ESPECE.

Pierre de lard, ou *Stéatite*.

Cette pierre paroît graffe au toucher ; elle varie par la couleur ; il y en a de tranfparentes & d'opaques : on apporte de la Chine des vafes & des figures de différentes formes, faits avec cette efpece de pierre ollaire : il y en a de très-blanche, qui eft demi-tranfparente ; la grife eft ordinairement opaque.

TROISIEME ESPECE.

Pierre Néphrétique.

Cette pierre ollaire eft verdâtre & fragile, il y en a de ftriée.

QUATRIEME ESPECE.

Pierre de Come, ou *Colubrine*.

Cette pierre ollaire n'eſt point ſuſceptible du poli, elle eſt d'un gris plus ou moins
foncé, elle eſt ſouvent mêlée avec du mica,
on la tourne aiſément ; chez les Suiſſes on
fait des pots & des marmites avec cette
pierre ollaire ; ces vaiſſeaux n'ont point beſoin d'être cuits avant d'être employés ,
comme ceux qu'on fait avec de l'argille.

Ces eſpeces de pierres ollaires peuvent
ſervir d'intermedes pour décompoſer le
nitre.

Si l'on diſtille de la pierre de Come avec
de l'acide vitriolique , il paſſe en premier
de l'acide ſulphureux , enſuite de l'acide
vitriolique ; il faut avoir ſoin de faire un
feu aſſez fort pour rougir la cornue : le réſidu de la diſtillation leſſivé , produit, par
l'évaporation, de l'alun en plus grande quantité que l'argille.

TALC.

La pierre ollaire, dont les parties n'ont point affez d'adhérence pour être tournées, fe nomme Talc, & improprement craie de Briançon.

Le talc varie par fa couleur ; il y en a de blanc, de gris & de verdâtre ; ce dernier eft connu fous le nom de Talc de Venife.

Le talc eft opaque ou demi-tranfparent : fi on l'expofe au feu, il y perd fon onctuofité & fa couleur, il devient opaque & y acquiert beaucoup de dureté.

Un mélange de parties égales de talc, de fpath fufible & d'alkali fixe, a produit par la fufion un émail verdâtre, très-dur, quoique très-fufible.

Si l'on diftille de l'acide vitriolique fur du talc réduit en poudre, la plus grande partie fe change en acide fulphureux.

Argille, Terre glaife, ou Bol.

L'argille ne diffère du kaolin que par la matiere graffe qu'elle contient en plus grande quantité ; elle diffère des terres pré-

cédentes par la facilité avec laquelle elle
fe divife dans l'eau ; on trouve de l'argille
par-tout , mais à différentes profondeurs,
quelquefois à la furface de la terre, fouvent
elle fert de bafe aux carrieres ; on en trouve
des bancs qui ont trente pieds d'épaiffeur &
quelquefois plus ; l'argille qu'on retire dans
les environs de Paris , fe trouve ordinairement à plus de foixante pieds de profondeur ; elle eft molle & fe laiffe aifément
couper.

On remarque que les lits dont les argil-
lieres font compofées font de différentes
couleurs ; les uns font noirs , les autres gris
& nuancés de différens rouges ; d'autres ont
une couleur grife uniforme ; on y trouve
des pyrites martiales.

L'argille en fe defféchant perd beaucoup
de fon volume , c'eft ce qu'on nomme re-
trait ; fi on l'expofe au feu lorfqu'elle n'eft
pas bien feche , elle décrépite , fe durcit ,
& perd de fon poids ; celle qui eft colorée
fe vitrifie.

Il y a des argilles qui perdent à l'air leur
onctuofité & fe divifent par feuillets ; dans
cet état elles ne peuvent plus fe divifer
dans l'eau.

Les argilles contiennent souvent du fable
& du mica ; pour les féparer, il faut les
délayer dans de l'eau ; ces différentes matieres fe précipitent, fuivant leur pefanteur
fpécifique.

PREMIERE ESPECE.

Argille blanche.

Cette argille eft très-pure, elle fe divife
aifément dans l'eau ; expofée au feu elle y
perd fon onctuofité & elle y acquiert beaucoup de dureté ; fi alors on la caffe, on remarque dans la fracture des grains qu'on
n'appercevoit point avant; cette argille eft
employée dans la compofition du bifcuit
de la porcelaine, & dans celui de la belle
fayance ; c'eft avec une efpece femblable
qu'on fait les pipes blanches.

DEUXIEME ESPECE.

Argille grife.

Elle doit fa couleur à un peu de fer ; lorfqu'on l'expofe à un feu violent, fa furface
fe vitrifie & devient brune.

Lorſque l'argille ſe diviſe aiſément dans l'eau, elle peut être employée pour fouler les étoffes ; on la nomme terre à foulons.

Il y a des argilles griſes qui ſe diviſent par feuillets ; lorſqu'elles reſtent expoſées à l'air, elles y perdent leur onctuoſité & ne peuvent plus ſe diviſer dans l'eau.

TROISIEME ESPECE.

Argille rouge, Bol.

Lorſque l'argille a une couleur rouge de brique, on la nomme bol d'Arménie ; c'eſt à de la terre martiale qu'elle doit ſa couleur ; ſi on expoſe ce bol à un feu violent, il ſe vitrifie & produit un émail noir.

Les différentes eſpeces de terre ſigillées ſont des argilles colorées par la terre martiale.

QUATRIEME ESPECE.

Argille brune, terre d'ombre.

Elle doit ſa couleur au fer ; elle varie par ſes nuances, devient très-noire par la

calcination, & ne fe vitrifie point auffi aifément que le bol d'Arménie.

CINQUIEME ESPECE.

Argille verte, terre de Verone.

Elle doit fa couleur à du cuivre; expofée
au feu, elle fe vitrifie & produit un émail
noirâtie.

SIXIEME ESPECE.

Tripoli.

Le tripoli eft une argille qui a perdu
fon onctuofité ; on le trouve difpofé par
lits ; ces lits font ordinairement compofés
de feuillets qu'on peut féparer.

Le tripoli varie par fa couleur ; il y en a
de blanc, de gris & de rougeâtre ; fi l'on
en met un morceau dans l'eau, il l'abforbe
avec bruit & il ne s'y divife point.

Le tripoli eft plus propre à décompofer
le nitre que l'argille, puifqu'il n'en faut que
deux parties pour en décompofer une de
nitre ; l'acide qu'on retire par cet intermede
eft très-rutilant & très-concentré.

Si l'on diftille du tripoli avec de l'acide vitriolique, il paffe premierement de l'acide fulphureux, enfuite de l'acide vitriolilique; le réfidu de la diftillation leffivé, produit, par l'évaporation, de l'alun & du vitriol martial.

Les différentes efpeces d'argille que je viens de décrire, font propres à décompofer le nitre & le fel marin; fi l'on diftille de l'argille blanche avec de l'acide vitriolique, il paffe d'abord de l'acide fulphureux, enfuite de l'acide vitriolique. Le réfidu de la diftillation leffivé produit, par l'évaporation, une efpece d'alun, qui criftallife très-difficilement.

Les argilles colorées étant très-fufibles, ne peuvent point être employées pour faire des ouvrages qui doivent éprouver un degré de feu confidérable.

L'argille blanche fert de bafe à la porcelaine de Saxe ; on eft redevable du procédé qu'on employe pour la préparer à M. le Comte de Milly ; il dit que c'eft avec de l'argille blanche, du quartz, du gypfe calciné & des teffons de porcelaine, qu'on prépare le bifcuit ; que la macération de ces matieres, pendant l'efpace de fix mois, eft ce qui contribue à la perfection de la pâte.

Voici la compofition de la porcelaine qui doit éprouver le plus grand feu.

Argille blanche, cent parties.
Quartz blanc, neuf.
Teffons de porcelaine, fept.
Gypfe calciné, quatre.

La couverte eft auffi fimple que la préparation ; elle eft compofée de huit parties de quartz blanc, de quinze parties de teffons de porcelaine, & de fept parties de criftaux de gypfe calciné. *

SCHISTE, ou ARDOISE.

Le fchifte eft compofé d'argille, de fer & d'alkali volatil ; il doit fa couleur & fa fufibilité au fer ; le fchifte fe trouve, de même que l'argille, en très-grande quantité dans la terre ; il differe par la couleur & la dureté ; il y en a qui fe divife par feuillets, on le nomme ardoife ; on y trouve quel-

---

quefois des dendrites, des empreintes de poiſſons, & de fougeres, &c.

On remarque que les cavités laiſſées par les poiſſons ſont ordinairement remplies de pyrites martiales, jaunes & brillantes, ou de pyrites cuivreuſes; il y a des ſchiſtes qui ſervent de gangue à du cinabre, & qui contiennent entre les feuillets dont ils ſont compoſés, beaucoup de mercure natif.

Les ſchiſtes varient par la couleur; expoſés à un feu violent, ils produiſent un verre noir, opaque & cellulaire.

Quatre onces de ſchiſte diſtillées au fourneau de réverbere, ont produit un gros d'alkali volatil, qui faiſoit efferveſcence avec les acides; le réſidu de la diſtillation n'avoit point changé ſenſiblement de couleur.

Si l'on diſtille du ſchiſte avec de l'acide vitriolique concentré, il paſſe d'abord de l'acide ſulphureux, enſuite de l'acide vitriolique: le réſidu de la diſtillation eſt blanc, la leſſive évaporée produit de l'alun & du vitriol martial.

Le ſchiſte eſt propre à décompoſer le nitre, il en faut un tiers de moins que d'argille; dans le commencement de la

diftillation, il fe dégage des vapeurs blanches, qui fe condenfent très-difficilement,
enfuite de l'acide nitreux fumant, qui colore en rouge les balons. L'acide qu'on
obtient par cet intermede eft moins rutilant que celui qu'on retire par le moyen du
tripoli, parce qu'il eft plus affoibli.

Le réfidu de la diftillation eft d'un rouge
pâle & infipide.

L'aluminifation du fchifte, la décompofition du nitre, par cette même fubftance, indiquent fes rapports avec l'argille.

PREMIERE ESPECE.

*Schifte, qui n'eft point fufceptible
du poli.*

Cette efpece eft noirâtre & compofée
de feuillets interrompus; on reconnoit par
fa fracture qu'il y a des interftices entre
fes criftaux, ils paroiffent plus brillants que
ceux des autres. On trouve fouvent dans
ce-fchifte des impreffions de capillaires, de
fougeres & de poiffons, des pyrites martiales & cuivreufes, qui different beaucoup
par leurs formes.

DEUXIEME ESPECE.

Ardoise.

Ce schiste est bleuâtre ; lorsqu'il est nouvellement tiré de l'ardoisiere, il se divise aisément par feuillets qui durcissent a l'air ; on employe l'ardoise pour couvrir les bâtimens.

TROISIEME ESPECE.

Pierre noire.

Ce schiste est tendre & friable, il y en a qui se divise par feuillets ; d'autres contiennent une grande quantité de pyrites martiales, & tombent en efflorescence ; il y en a une espece, dont on fait des crayons.

QUATRIEME ESPECE.

Pierre à aiguiser.

Ce schiste se trouve disposé par couches, il varie par la couleur ; il y en a de gris ,

gris, de jaune & de noir ; ces pierres font employées avec de l'huile pour aiguifer les inftrumens d'acier ; on les taille auffi en prifmes quarrés de différentes groffeurs ; ils fervent à polir les ouvrages d'or & d'argent : on les nomme pierres à polir.

MARNE.

La marne eft compofée d'argille & de craie; elle fe trouve par lits de différentes épaif-feurs à la furface de la terre, quelquefois très-profondément ; elle varie par la couleur, & la liaifon de fes parties ; il y en a qui peut être travaillée comme l'argille & qui en a l'onctuofité ; on diftingue facilement la marne de l'argille, parce qu'elle fait effervefcence avec les acides, & qu'au feu elle fe change en un verre fpongieux ; plus la marne contient de fer, plus elle fe fond promptement ; la marne brune produit par la fufion un verre noir, opaque & cellulaire ; il reffemble à la pierre-ponce par fa légereté, il nage fur l'eau.

Pour déterminer la quantité de craie qui eft contenue dans une marne, il faut verfer de l'acide nitreux deffus, jufqu'à ce qu'il ne se fasse plus d'effervescence ; ensuite il faut la lessiver à plusieurs eaux ; ce qui reste est la terre argilleuse , qui étoit dans la marne.

La marne est employée comme un engrais propre à plusieurs especes de terres végétales ; mais comme la marne ne se rencontre point dans toutes les contrées , ne pourroit-on point y suppléer par un mélange de craie & d'argille ?

GYPSE, SÉLÉNITE, PIERRE A PLATRE.

Le gypse est un sel neutre , composé d'acide vitriolique & de terre absorbante ; il y en a des carrieres immenses dans différentes contrées ; dans les plâtrieres de Montmartre , on trouve de l'argille & des marnes de différentes couleurs , des blocs de grès assez considérables , dans lesquels il y a des cavités qui représentent la forme de différens coquillages.

Le gypse varie par ses cristallisations.

PREMIERE ESPECE.

Gypse rhomboïdal decahedre.

Les cristaux de ce gypse sont transparens.

DEUXIEME ESPECE.

Gypse cunéiforme.

Les criftaux de cette efpece de gypfe repréfentent des triangles ifocelles ; on remarque vers leur partie fupérieure un angle rentrant, & dans le milieu une ligne perpendiculaire ; ces criftaux triangulaires font compofés de criftaux rhomboïdaux , qui peuvent fe divifer par feuillets ; les criftaux de cette efpece , qu'on trouve dans les plâtrieres de Montmartre, varient beaucoup par leurs grandeurs ; ils font ordinairement jaunâtres ; la pointe du triangle eft tournée du côté du zénith.

TROISIEME ESPECE.

Gypse lenticulaire.

Les criftaux de cette efpece de gypfe fe trouvent grouppés & en morceaux féparés , ils font renflés dans le milieu & amincis vers les bords ; ces criftaux varient par la grandeur ; ils font ordinairement jaunâtres & demi-tranfparens.

F ij

QUATRIEME ESPECE.

Gypse strié.

Ce gypse est ordinairement opaque & composé de fibres parallelles, il y en a de très-brillant ; il se trouve à la Chine , & en Sybérie.

CINQUIEME ESPECE.

Pierre à Plâtre.

Lorsque les cristaux de gypse sont rassemblés confusément, & qu'on ne peut distinguer que difficilement leurs formes, on les nomme Pierre à Plâtre ; elle est assez dure, mais elle n'est point susceptible du poli ; cette pierre est blanchâtre, on y trouve quelquefois des parties osseuses, qui n'ont point éprouvé d'altération.

SIXIEME ESPECE.

Albâtre gypseux.

Les cristaux dont ce gypse est composé sont si fins qu'on ne peut point les distin-

guer ; il eſt ordinairement blanc , demi-
tranſparent & ſuſceptible du poli.

L'albâtre gypſeux varie par la couleur ,
le blanc eſt le plus eſtimé.

SEPTIEME ESPECE.

Gypſe friable.

Cette eſpece de gypſe eſt ordinairement
très-blanche ; les moléccules ſalines dont
il eſt compoſé ſont opaques , très-aiſées à
diviſer.

J'ai trouvé dans la montagne de S. Ger-
main en Laye, une argille griſe & rouge ,
qui étoit remplie de criſtaux de gypſe
blanc , tranſparens & ſouvent grouppés ,
chaque criſtal étoit compoſé d'un priſme à
ſix pans comprimés , dont deux étoient
larges & rhomboïdes. Ces priſmes ſont
tronqués obliquement , leurs extrêmités
offrent des pyramides obtuſes à quatre
pans , dont les plans ſont des trapezes.

Toutes les eſpeces de gypſe que je viens
de décrire ont les mêmes propriétés , ils
ne different que par la forme de leurs criſtaux , par la calcination ils perdent l'eau de

leur criftallifation, & diminuent d'un cin-
quiéme de leur poids ; lorfqu'on réduit en
poudre du gypfe nouvellement calciné &
qu'on le mêle avec de l'eau, il l'abforbe
avec rapidité & fans chaleur fenfible ; alors
les molécules falines reprennent l'eau qui
leur eft néceffaire pour criftallifer ; c'eft à
cette nouvelle criftallifation qu'eft due l'adhérence & la folidité de ces maffes falines ;
elles ne ceffent que lorfque le plâtre fe décompofe, ce qui lui arrive quand fon acide
fe modifie & fe combine avec le phlogiftique, qui fe dégage des corps par la putréfaction.

Lorfqu'on calcine du gypfe, il faut être
attentif au degré de feu qu'on lui fait
éprouver ; fi ce font des criftaux qu'on
expofe au feu, on remarque qu'ils pétil-
lent, qu'ils perdent leur tranfparence, &
qu'ils fe divifent par feuillets ; plus ils ont
été calcinés long-tems, plus ils s'exfolient;
dans cet état, ils ne font plus propres à
former corps : lorfqu'on les mêle avec de
l'eau ils fe réduifent en poudre, & l'on
remarque qu'il s'excite un degré de chaleur
fenfible, en même tems il fe dégage une
odeur de foie de foufre décompofé ; cette

odeur eft bien plus forte, fi l'on verfe de l'a-
cide fur le plâtre ; on doit l'attribuer au foie
de foufre qui s'eft formé pendant la calcination du gypfe trop long-tems continuée, alors
une partie de l'acide vitriolique qu'il contient s'unit avec le phlogiftique & forme
du foufre ; celui-ci fe combine avec la terre
abforbante du gypfe & forme le foie de
foufre terreux, qui produit les phénomenes
que je viens de décrire.

Le gypfe qui a éprouvé une longue calcination bleuit, après avoir été expofé à
l'air quelque tems, & après avoir répandu
une odeur de foie de foufre décompofé ;
c'eft par l'émaration d'une odeur femblable
que l'air qu'on refpire dans les bâtimens
nouvellement enduits de plâtre , devient
dangereux & occafionne de grands accidens
lorfqu'on les occupe trop tôt.

Le ftuc fe prépare avec le plâtre , les
ouvriers portent la plus grande attention à
fa calcination ; ils réduifent la pierre à
plâtre en morceaux de la groffeur d'une noix,
ils les mettent dans un four , qu'ils ont eu
foin de faire rougir , ils en retirent de tems
en tems quelques morceaux pour reconnoître où en eft la calcination ; lorfqu'ils s'ap-

perçoivent qu'ils ne font plus brillans dans leur intérieur, ils les retirent du four ; la dureté du ftuc dépend de la calcination du gypfe ; lorfqu'on le veut employer, on le met en poudre, enfuite on le détrempe avec de l'eau où l'on a fait diffoudre de la colle ; on peut y introduire différentes couleurs.

Lorfque le ftuc eft fec, on le polit à peu près comme le marbre, & l'on finit par le frotter avec de l'huile.

QUARTZ, ou CRISTAL DE ROCHE.

Le quartz eft un fel compofé d'acide vitriolique & de terre abforbante, qui a éprouvé une altération particuliere, qui la rapproche de l'alkali fixe.

La criftallifation du quartz eft femblable à celle du tartre vitriolé , fes criftaux font ordinairement compofés de prifmes hexagones , dont les extrêmités font terminées par des pyramides à fix pans.

Lorfque le quartz eft pur , il eft tranf-parent & a la fragilité du verre ; il en dif-fere en ce qu'il n'eft point fufible fans in-termede ; quelques Naturaliftes lui ont cependant donné le nom de vitrifiable.

Le quartz peut être décompofé par la terre calcaire calcinée, comme on le remar-que dans la préparation du mortier; la com-binaifon qui réfulte de ce mélange criftal-life promptement & produit des fels info-lubles, qui acquicrent avec le tems la plus grande dureté : voici comment fe produit la décompofition du quartz ; l'acide phofpho-rique qui fe trouve dans la chaux s'unit à la bafe du quartz qui a des propriétés fem-blables à celles de l'alkali fixe & produit du Bafalte ; l'acide vitriolique du quartz s'unit à la terre abforbante de la chaux & forme du gypfe.

Le quartz n'a point la pefanteur du fpath fufible, ce qui annonce que dans ce fel neu-tre, l'acide qui y eft contenu eft très-diffé-rent de celui du fpath fufible. Le quartz expofé au feu n'y éprouve point d'altéra-tion, le fpath fufible s'y décompofe , & devient phofphorique ; enfin fi l'on expofe au feu un mélange de ces deux fels , il fe fond très-aifément, quoiqu'ils fuffent infu-fibles féparément ; dans cette opération l'a-cide phofphorique du fpath fufible s'unit à l'efpece d'alkali qui fert de bafe au quartz , & il fe forme un fel fufible.

Le quartz se trouve en différens états dans la terre , souvent en masses irrégulieres , transparentes , ou opaques ; lorsqu'il affecte une cristallisation réguliere , on le nomme cristal de roche.

PREMIERE ESPECE.

Quartz cristallisé , Cristal de roche.

Ces cristaux représentent des prismes hexagones, terminés par des pyramides à six pans ; les prismes de ces cristaux varient par leurs grandeurs ; on en trouve quelquefois dont les pyramides ne paroissent avoir que trois pans. Les cristaux de roche se trouvent presque toujours grouppés, il y en a qui renferment de l'amiante & des mousses, d'autres ont des cavités qui contiennent de l'eau ; on trouve des cristaux de roche dont les pyramides sont rapprochées & qui n'ont point de prismes intermédiaires.

DEUXIEME ESPECE.

Quartz blanc transparent , Cristal de Madagascar.

On rencontre dans cette Isle des carrieres immenfes de ce quartz; il y en a où l'on trouve des criftaux réguliers de mica, & des criftaux de fchirl de différentes couleurs.

TROISIEME ESPECE.

Quartz grenu.

Les blocs de ce quartz font compofés de petits criftaux irréguliers & tranfparens, entre lefquels on remarque des interftices.

QUATRIEME ESPECE.

Quartz rougeâtre & opaque, Hyacinte de Compoftelle.

Les criftaux de cette efpece de quartz repréfentent des prifmes hexagones terminés par des pyramides à fix pans ; on trouve des hyacintes qui font rouges & opaques à l'extérieur, blanches & tranfparentes dans l'intérieur.

La hyacinte ne s'altere point fenfiblement au feu.

CINQUIEME ESPECE.

Quartz transparent & violet, Améthiste.

Les criftaux d'améthifte reffemblent à ceux du quartz, ils n'en different que par la couleur ; lorfqu'on les expofe au feu, ils la perdent promptement. La couleur de l'améthifte eft due à du cobolt, uni à de l'acide marin.

On trouve des fpaths fufibles violets & tranfparens, on les nomme fauffe améthifte ; ils different de la vraie par la dureté & la criftallifation ; les criftaux de fpath fufible font ordinairement cubiques.

SIXIEME ESPECE:

Quartz, avec des cavités.

On trouve des quartz tranfparens, ou opaques, dans lefquels on remarque des cavités cubiques ou hexagones ; les premieres font dues à des criftaux de fpath fufible qui fe font décompofés ; les dernieres, à des criftaux de fpath calcaire.

SEPTIEME ESPECE.

Quartz opaque & cellulaire, Pierre meuliere.

Ce quartz est très-dur & se trouve en morceaux détachés de différentes grosseurs, il varie par la couleur, souvent il est rempli de cavités qui contiennent de la terre martiale rougeâtre ; on l'emploie pour faire les fondemens des édifices.

GRE'S.

Le grès est composé de petites parties de quartz arrondies & unies ensemble, il y en a des carrieres dans différentes contrées, elles sont quelquefois découvertes & offrent des masses de différentes grosseurs ; on trouve à Fontainebleau des rochers de grès très-considérables, & la terre en paroît couverte.

Le grès varie par la couleur & la solidité : cette derniere dépend de la finesse des molécules de quartz dont il est composé.

Il y a des especes de grès qui se divisent facilement en cubes ; d'autres, lorsqu'on les casse, offrent des cavités arrondies.

PREMIERE ESPECE.

Grès compact.

Il est ordinairement d'un gris blanchâtre & assez dur pour faire feu avec le briquet, on l'employe pour faire des meules à rémoudre & pour paver ; il y a du grès de cette espece de différentes couleurs, de jaune, de brun & de rouge ; ces couleurs sont dues à de la terre martiale.

DEUXIEME ESPECE.

Grès poreux , Pierre à filtrer.

Ce grès est moins dur que le précédent, l'eau le pénetre & détruit souvent l'adhérence des molécules de quartz dont il est composé.

TROISIEME ESPECE.

Grès, avec des coquilles.

On trouve quelquefois dans les différentes especes de grès des coquilles qui sont

de nature calcaire ; il y a dans les plâtrieres de Montmartre des blocs de grès
grisâtres affez durs , dans lefquels on trouve des cavités , & les noyaux de différentes efpeces de coquilles, des cames , des
vis , &c.

On remarque fouvent à la furface des
différentes efpeces de grès , dont je viens
de parler , des dendrites noires, ou rougeâtres.

SABLES.

Le fable eft compofé de molécules de
quartz, on en trouve des montagnes entieres ; ce fable eft ordinairement très-pur ;
celui qui fe trouve dans les plaines l'eft
moins.

Les fables colorés contiennent des terres métalliques.

Le fable des Fondeurs fe tire de Fon-
tenay-aux-Rofes , village fitué à une lieue
de Paris ; il eft jaunâtre & très-divifé ; pour
l'employer & le rendre propre à faire des
moules , ils le mêlent avec de la poudre
de charbon.

Ce fable fe trouve affez profondément
en terre.

CAILLOU, AGATE.

Le caillou ne differe du quartz que par la forme, il se trouve toujours en masses irrégulieres & éparses, il est ordinairement opaque. Dans sa fracture, il ne paroît pas brillant comme le quartz ; le caillou poli n'a ni éclat ni brillant ; lorsqu'il en est susceptible, & qu'il est demi-transparent, on le nomme agate.

La forme & la grosseur des cailloux varient beaucoup, presque tous sont recouverts d'une croûte ; quelques-uns sont pleins, d'autres sont creux, & leur intérieur est tapissé de cristaux de quartz très-réguliers ; ceux-ci se trouvent souvent recouverts de cristaux de spath calcaire, qui varient par leurs formes & leurs couleurs ; il y a des cailloux dont les cavités sont remplies de mammelons dont les extrêmités sont terminées par des stalactites très-minces, formées de petits cristaux de quartz ; on nomme géodes les cailloux qui sont creux ; on peut quelquefois reconnoître par leurs surfaces, si elles sont cristallisées intérieurement ; alors on y remarque des cavités hexagones ou pentagones.

PREMIERE

PREMIERE ESPECE.

Caillou grossier & opaque, pierre à fusil.

Sa couleur varie, il y en a de blancs, de gris, de jaunâtres, de rougeâtres & de bruns; on en trouve qui paroissent vermoulus dans leur intérieur & dont les petits sillons sont enduits de terre martiale jaunâtre.

Les cailloux exposés au feu perdent leurs couleurs, ceux qui sont gris deviennent blancs, ceux qui sont jaunâtres noircissent; la terre martiale jaune qu'on trouve dans les cailloux qui paroissent vermoulus, devient noire par la calcination.

Les cailloux qui contiennent beaucoup de terre métallique se fondent aisément; ceux qui n'en contiennent point, résistent au feu de même que le quartz.

Les cailloux se trouvent en grande quantité dans les bancs de craie, leur surface est quelquefois noire, & leur intérieur d'un gris cendré.

G

DEUXIEME ESPECE.

Caillou arrondi & applati , Galet.

On trouve des cailloux opaques arrondis, applatis & de différentes couleurs, fur les bords de la mer, & des rivieres, on les nomme galets ; on en rencontre quelquefois à la furface de la terre, fur des terreins affez élevés ; dans les plaines de Salency, fituées à quelques lieues de Noyon , la terre paroît couverte l'efpace d'une lieue de petits galets noirs, de la groffeur d'une noix.

TROISIEME ESPECE.

Caillou brun & opaque , Caillou d'Egypte.

Ce caillou eft d'un brun plus ou moins foncé , & parfemé de dendrites noirâtres ; il prend, par le poli, l'éclat de l'agate.

A G A T E.

L'agate ne differe du caillou que par la fneffe des molécules de quartz dont elle eft

compofée ; elle eft ordinairement tranfparente, elle paroît luifante dans fa fracture ;
on y remarque fouvent les couleurs les plus
vives & les mieux nuancées ; les agates ,
de même que les cailloux, fe trouvent en
maffes éparfes & arrondies , leur furface eft
groffiere , & fouvent remplie de cavités.

PREMIERE ESPECE.

Agate blanche & tranfparente , Cacholong.

Cette efpece d'agate eft blanche, plus ou
moins tranfparente ; expofée au feu, elle y
devient opaque.

DEUXIEME ESPECE.

Agate blanche , demi-tranfparente &
chatoyante , Opale.

Cette agate expofée au jour chatoye de
la maniere la plus vive & la plus agréable ;
elle perd cette propriété par la calcination.

TROISIEME ESPECE.

Calcedoine.

Cette agate eft à peine demi-tranfparente,

elle eſt d'un blanc laiteux , & quelquefois bleuâtre.

QUATRIEME ESPECE.

Cornaline.

Cette agate eſt rouge & tranſparente, elle varie par ſes nuances ; ſur un fond blanc & tranſparent , on ne trouve ſouvent que quelques taches ou dendrites rouges ; la cornaline devient blanche & opaque par la calcination.

CINQUIEME ESPECE.

Sardoine.

Cette agate eſt de couleur orangée, elle devient blanche & opaque par la calcination.

SIXIEME ESPECE.

Praſe , ou *Chryſopraſe.*

Cette agate eſt d'un verd clair & demi-tranſparente , elle devient blanche & opaque par la calcination.

SEPTIEME ESPECE.

Onix.

Les agates compofées de couches de différentes couleurs, font nommées onix, elles font ordinairement opaques.

HUITIEME ESPECE.

Pierre d'Hirondelle, ou *de Saffenage.*

Ces agates font demi-fphériques ou ovales, elles ne font fouvent pas plus groffes que la femence de lin, elles varient par leurs couleurs.

Les dendrites qu'on trouve dans plufieurs efpeces d'agates, font dues à de la terre martiale ; lorfqu'on les calcine l'arborifation devient noire.

Le nom de caillou a été quelquefois donné à des morceaux de quartz tranfparent, qui avoient perdu de leur tranfparence, par le frottement qu'ils avoient éprouvé ; ils portent les noms des lieux où on les a ramaffés, cailloux du Rhin, cailloux de Médoc, &c.

G iij

La plûpart des fubftances végétales & animales éprouvent dans la terre une altération finguliere ; quoiqu'elles ne changent fouvent point de formes, elles y paffent à l'état d'agate, quelques-unes font en même temps pénétrées de terres métalliques aufquelles elles doivent leur couleur.

On a trouvé des noix dont l'amande étoit agatifée & dont la coquille étoit encore ligneufe.

J A S P E.

Le jafpe eft compofé, de même que l'agate, de molécules de quartz ; il n'en differe que parce qu'il eft opaque & qu'il fe trouve en roches très-confidérables, ou par filons ; il n'eft point luifant dans fa fracture ; il eft fufceptible d'un beau poli ; on rencontre quelquefois dans le jafpe des criftaux réguliers de quartz très-pur.

Les jafpes varient beaucoup par leurs couleurs.

PREMIERE ESPECE.

Jafpe blanc.

Ce jafpe eft un quartz opaque.

DEUXIEME ESPECE.

Jafpe verd d'olive.

Ce jafpe eft de couleur verdâtre, on en trouve quelquefois dans la terre des morceaux taillés en triangles ifocelles, renflés dans le milieu & amincis vers les bords, on les nomme pierres de circoncifion ; il y a lieu de croire qu'elles fervoient de coins pour divifer le bois & non pour circoncire ; la grandeur de ces pierres varie ; il y en a qui ont un pied de long, fur trois pouces de large vers la bafe du triangle ; d'autres n'ont que deux pouces de long fur huit lignes de largeur vers leur bafe ; on trouve auffi quelquefois de ces morceaux de jafpe dont la forme repréfente des haches.

TROISIEME ESPECE.

Jafpe verd.

Il varie par fes nuances, il doit fa couleur à du cobolt ; expofé à un feu violent, il devient bleuâtre.

G iv

Lorſque le jaſpe verd eſt mêlé de taches rouges, on le nomme jaſpe ſanguin.

Les jaſpes jaunes, bruns & rouges doivent leurs couleurs à de la terre martiale ; expoſés au feu, ils y deviennent noirs & s'y vitrifient quelquefois.

GRAVIER.

Le gravier eſt compoſé de parties de quartz, de cailloux, d'agate, de jaſpe, de pierre calcaire, &c. quelquefois il contient des petites parties de minéraux auxquelles il doit ſa couleur ; la groſſeur des parties qui compoſent le gravier varie beaucoup, on le nomme ordinairement ſable ; * on trouve dans celui des rivieres des petites coquilles de l'eſpece des nérites, dont les couleurs ſont vives & agréables.

On trouve à la ſurface de la terre, dans des endroits ſouvent fort éloignés des lits des rivieres, des amas immenſes de gravier dépoſés par couches, qui varient par la fineſſe des parties qui les compoſent.

---

* Le ſable eſt compoſé de parties de quartz très-diviſées.

GRANIT.

On nomme granit les pierres qui font compofées de cailloux ou de graviers cimentés enfemble , & dont les interftices font remplies par une matiere de même nature. Ces granits portent différens noms, fuivant les fubftances dont ils font compofés.

PREMIERE ESPECE.

Granit compofé de cailloux , Poudingue.

Il eft fufceptible d'un beau poli.

DEUXIEME ESPECE.

Granit.

Il eft compofé de quartz, de mica , & de fchirl noir ; quelquefois il eft coloré en rouge par de la terre martiale ; on en trouve qui ne contient ni mica , ni fchirl.

TROISIEME ESPECE.

Caillou de Rennes.

Cette efpece de granit a un fond rougeâtre , les taches qu'on y remarque font jaunâtres & de la grandeur d'une lentille , il ne se fond point au feu ; le fond rouge y noircit.

QUATRIEME ESPECE.

Porphire.

Le fond de ce granit est d'un rouge foncé , il est parsemé de petits points de quartz blanc & opaque ; ces taches blanches sont de différentes grandeurs dans la même table de porphire , elles n'ont point de figures régulieres.

Le porphire devient noir par la calcination , il se fond lorsqu'on l'expose à un feu violent.

CINQUIEME ESPECE.

Porphire verd antique , Ophite.

Cette espece de granit est à taches , quarré long , verd clair ; disposées souvent en forme d'étoile , ou de croix sur un fond verd foncé ; c'est l'ophite noir des Anciens.

Ce porphire, exposé au feu, y perd sa couleur ; les taches y deviennent blanchâtres, & le fond rougeâtre.

Toutes ces efpeces de granit font feu avec le briquet, font très-dures & très-difficiles à polir.

On trouve des carrieres de granit dans différentes contrées ; ils varient par leur dureté, elle dépend de la quantité de mica, de fchirl & de quartz dont ils font compofés ; ceux qui font noirs doivent cette couleur au fchirl, ils fe fondent très-aifément & produifent un verre noir & cellulaire ; ceux où il ne fe trouve que du mica ne fe fondent point de même ; leur furface fe vitrifie, mais les morceaux ne fe réuniffent point en une maffe vitreufe.

Le granit qui contient beaucoup de fchirl eft fragile & beaucoup moins dur que les autres.

Le quartz qui fert de bafe au granit eft feuilleté, il reffemble par fon extérieur au fpath, & eft connu fous le nom de *Feld-Spath.*

Le porphire des Anciens fe tiroit de l'Arabie déferte & de la Numidie.

ZÉOLITE.

Cette pierre ne fait point effervescence avec les acides, qui la diffolvent & la réduifent en une gelée tranfparente ; le verre qui réfulte de parties égales de quartz & de chaux, pénétré par les acides, fe change également en gelée ; la zéolite me paroît être compofée de terre calcaire & de quartz ; elle eft opaque, fait feu avec le briquet, & eft fufceptible du poli.

La zéolite expofée au feu fe fond & produit un verre opaque & cellulaire.

PREMIERE ESPECE.

Zéolite blanche.

Elle eft compofée de criftaux prifmatiques & raffemblés ; ils partent d'un point commun, & font difpofés en éventail.

DEUXIEME ESPECE.

Zéolite rouge.

Cette zéolite eft d'un rouge chair, elle eft compofée de parties très-fines, elle eft fusceptible du poli , & fait feu avec le briquet.

Expofée à un feu violent, elle fe vitrifie & produit un émail gris-blanc & cellulaire.

La zéolite a la propriété de décompófer le nitre ; il faut en employer deux parties contre une de falpêtre , l'acide nitreux qu'on obtient par cet intermede eft rutilant & très-pur ; il refte dans la cornue une maffe opaque , cellulaire, rougeâtre & infoluble.

La couleur de la zéolite rouge eft due a du fer ; j'en ai diftillé une partie avec huit de fel ammoniac , le fel qui s'eft fublimé a pris une belle couleur jaune , ce qui reftoit au fond de la cornue étoit très-blanc.

J'ai diftillé quatre cens grains de zéolite avec de l'huile de vitriol , il a paffé d'abord de l'acide fulphureux , enfuite de l'huile de vitriol ; le réfidu avoit confervé la couleur rouge de la zéolite & pefoit quatre-vingt grains de plus; par la leffive, j'en ai retiré du vitriol martial & un peu d'alun.

TROISIEME ESPECE.

Zéolite bleue, Lapis lazuli.

Le lapis fait feu avec le briquet , eſt ſoluble ſans efferveſcence , dans les acides avec leſquels il forme des gelées tranſparentes ; lorſqu'on réduit du lapis en poudre dans un mortier de fer , il s'en dégage une odeur de foie de ſoufre décompoſé ; lorſqu'on verſe de l'acide deſſus , l'odeur eſt bien plus forte ; le lapis eſt coloré par le fer , mais la matiere qui donne au fer qu'il contient cette belle couleur bleue , eſt bien différente de celle qui colore le bleu de Pruſſe , puiſque le fer contenu dans le lapis eſt ſoluble dans les acides , & que le bleu de Pruſſe n'en eſt point ſenſiblement attaqué.

Le lapis expoſé au feu ſe fond facilement & ſe change en un émail noir, cellulaire ; réduit en poudre , il eſt en partie attirable par l'aimant.

J'ai diſtillé une partie de lapis avec huit parties de ſel ammoniac ; il a paſſé en premier une liqueur jaunâtre , qui avoit l'odeur

de foie de soufre décompofé ; il s'eft enfuite fublimé du fel ammoniac d'une belle
couleur jaune, le réfidu étoit grifâtre.

Le lapis réduit en poudre & préparé
eft nommé outremer, celui qu'on débite
dans le commerce , n'eft fouvent qu'un
beau fmalt.

BASALTE , SCHIRL , ou SCHORL.

Le mot fchirl *ou* fchorl a été intro-
duit par les Allemands , on a défigné fous
ce nom le bafalte fibreux & celui qui eft
tranfparent.

Le bafalte eft compofé d'acide phofphorique combiné avec un alkali femblable à
celui qui fert de bafe au quartz ; il contient
prefque toujours des terres métalliques ,
excepté le diamant.

Le bafalte varie beaucoup par la forme ,
la couleur & la dureté ; on en trouve de
tranfparent dans le criftal de roche de Madagafcar.

La forme des criftaux de bafalte eft prefque toujours prifmatique , ils varient par
leur grandeur , leur largeur & le nombre des pans dont les prifmes font compofés.

PREMIERE ESPECE.

Bafalte criftallifé en prifmes à quatre pans.

Il eſt rougeâtre & opaque ; ces priſmes font applatis , rhomboïdes & compoſés de quatre pans égaux ; ils varient par leur largeur & leur grandeur ; il y en a qui ont un pouce de large & ſix lignes de long , d'autres ont ſix lignes de large & un pouce de long ; ils font compoſés de petits feuillets quarrés.

DEUXIEME ESPECE.

Bafalte criftallifé en prifmes quarrés, Macle.

Ces criſtaux font jaunâtres & opaques ; ſi on les coupe on reconnoît qu'ils font compoſés de quatre triangles ſéparés par deux lignes croiſées, qui repréſentent une croix, ou une X ; quelquefois on trouve au milieu de ces criſtaux un priſme quarré noir, des angles duquel ſortent quatre raies noires,

noires, la furface des prifmes eft d'un gris
d'ardoife ; on en trouve en Bretagne, ils
varient par leur groffeur & leur longueur ;
il y en a qui ont quatorze lignes de diametre, tandis que d'autres n'ont pas plus de
trois lignes ; ces derniers ont quelquefois
quatre ou cinq pouces de long, ils fe ren-
contrent dans du fchifte ; les gros prifmes
n'ont fouvent pas plus de fix lignes de haut ;
la croix qu'on y remarque les a fait porter
en amulette ; j'en ai vû qui étoient entou-
rés de diamans.

TROISIEME ESPECE.

Bafalte criftallifé en prifmes à fix pans.
Pierre de Croix.

Ce bafalte eft gris & opaque, il répré-
fente en relief une croix ; cette figure réfulte de deux prifmes croifés ; l'un eft compofé de fix pans égaux, l'autre a deux
pans plus étroits.

Ces trois efpeces de bafalte expofées à
un feu violent, fe fondent & fe gonflent
beaucoup ; ils produifent un émail blanc,
parfemé de bulles d'émail noir.

H

QUATRIEME ESPECE.

Bafalte noir dont les prifmes font terminés
par des pyramides

Ces criftaux font connus fous le nom de fchorl de Madagafcar ; ce font des prifmes à neuf pans, dont trois font larges, les fix autres font beaucoup plus petits & de largeur inégale ; ces prifmes font ordinairement terminés par deux pyramides obtufes à trois pans, dont la furface eft polie & brillante, de même que celle des côtés du prifme.

Les criftaux de ce bafalte font opaques & fragiles, ils paroiffent vitreux dans leur fracture ; expofés à un feu violent, ils produifent un émail d'un gris blanchâtre ; ils contiennent cependant un peu de fer, qu'on peut féparer, par la fublimation, avec le fel ammoniac.

La tourmaline eft un bafalte demi-tranfparent, elle eft brune & criftallifée comme le fchorl de Madagafcar ; elle fe vitrifie aifément, & produit un émail plus blanc.

CINQUIEME ESPECE.

Basalte noir, opaque, décahedre.

On trouve ces criftaux dans des érup-
tions jaunâtres & poreufes, de la Solfatare ;
ils n'ont pas plus de deux lignes de lon-
geur fur une de large, ils paroiffent rhomboïdes.

SIXIEME ESPECE.

Basalte noir rayonné.

Il fe trouve dans du quartz, il eft compofé de petites fibres irrégulierement dif-
pofées ; il eft quelquefois criftallifé en prifmes à fix pans.

Les parties noires qu'on remarque dans
les granits, font des fragments de bafalte ;
on y rencontre quelquefois plufieurs prifmes réunis.

SEPTIEME ESPECE.

Basalte tranfparent, Schorl.

Les criftaux de cette efpece de bafalte
font très-minces, ils repréfentent des prif-

mes à fix pans ftriés ; on les trouve dans le criftal de roche de Madagafcar ; il y en a de jaunâtres, de verdâtres & de rougeâtres.

J'ai vû des prifmes de ce fchorl du diametre de huit lignes, & de trois pouces de long ; il y en a auffi de lamelleux, femblable au fpath fufible.

HUITIEME ESPECE.

Bafalte vert, opaque, Schirl.

Ces criftaux font des prifmes affez minces, affemblés confufément ; on trouve ce bafalte en maffes moins confidérables que ceux qui fuivent.

NEUVIEME ESPECE.

Bafalte vert, feuilleté.

Ces criftaux font des lames, ou feuillets allongés très-minces, ils font affemblés confufément ; la couleur eft d'un vert d'olive ; on en trouve dont les feuillets font moins longs, & d'une couleur verte foncée.

Il y a un basalte verdâtre , composé de parties très-fines ; il est beaucoup plus dur & plus fusible que les autres.

DIXIEME ESPECE.

Basalte rougeâtre strié, Schorl.

Il est composé de prismes striés, allongés , très-minces & assemblés confusément ; il fait feu avec le briquet de même que les précédens.

ONZIEME ESPECE.

Basalte feuilleté, noirâtre.

Ces cristaux sont composés de lames , ou feuillets ; ils se trouvent en Bretagne.

DOUZIEME ESPECE.

Basalte , Pierre de colonnes.

Les cristaux de ce basalte sont des prismes tronqués , qui ont quatre, cinq, six , sept , huit & neuf pans d'inégale largeur ; on en trouve des amas immenses dans diffé-

rentes contrées ; on diftingue trois efpeces
de bafalte , à prifmes d'une feule piece ,
à prifmes articulés, à prifmes lamelieux ;
les deux premieres efpeces fe trouvent prefque toujours perpendiculaires à l'horifon.

Bafalte à prifmes d'une feule piece.

On en trouve de cette efpece en Auvergne ; près le village d'Efpailly , fur le ter-
ritoire de Farraignhe , il y a une carriere
abondante en prifmes de bafalte ; il eft
plein , fonore & d'un gris foncé ; la hauteur des prifmes exploités depuis le fommet , jufqu'à la furface de la riviere , a
trente-quatre toifes. M. Beoft de Varennes,
dans fon voyage d'Auvergne , dit qu'on
pourroit compter trois fois autant de hauteur , fi l'on comptoit d'un endroit où l'on
a pofé une croix , ce qui feroit fix cens
douze pieds.

Il fe détache quelquefois des maffes de
bafalte de trente toifes de longueur fur
quinze ou vingt de hauteur & de plufieurs
de profondeur ; on les trouve fouvent cou-
chées horifontalement.

Le diametre de ces prifmes a un pied,

un pied & demi, & quelquefois plus ; les prifmes à cinq pans, qu'on trouve proche le village d'Uffon, n'ont pas plus de huit ou neuf pouces de diametre.

TREIZIEME ESPECE.

Bafalte dont les prifmes font articulés.

La chauffée des Géans, en Irlande, eft compofée de prifmes articulés ; ils font affemblés par leurs côtés & ne laiffent point d'intervalle entr'eux ; ils ont quelquefois foixante & même cent toifes de longueur ; la hauteur & la largeur varient ; il y a de ces prifmes qui ont dix, vingt & trente pieds de hauteur, & fouvent beaucoup plus ; leur diametre d'angle à angle, eft depuis un pied jufqu'à trois & quatre ; les articulations des prifmes ont fouvent dix ou douze pouces, quelquefois beaucoup plus ; les furfaces qui forment les affifes du prifme, font alternativement concaves & convexes, de maniere que le convexe d'une articulation s'emboîte dans le concave de l'autre ; les portions convexes ou concaves font parfaitement rondes ; il refte tout au

tour de ſa circonférence un filet plat, large
d'environ un pouce, qui forme une ſurface
plate pentagone, ou hexagone, ſuivant le
nombre des côtés du priſme.

Les rochers de Blaud, ſitués à une lieue
de Langeac en Auvergne, ſont compoſés
de priſmes articulés d'un gris d'ardoiſe;
dans l'intérieur de ces priſmes, on trouve
des eſpaces plus ou moins grands, de diver-
ſes formes, & exactement remplis de criſtaux verdâtres & tranſparens, mal liés, &
s'égrainant facilement. Ces criſtaux ſont
des chryſolites, ils ne s'alterent point au feu.

Le baſalte articulé, qu'on trouve proche S. Alcon, ne contient point de chry-
ſolite, comme celui de Blaud; on remarque dans cet endroit une colonnade de priſmes, dont la façade porte vingt à vingt-
cinq toiſes de longueur, les pans des priſmes ſont ordinairement liſſes; il y a de
ces priſmes qui ont vingt & un pouces de
diametre.

QUATORZIEME ESPECE.

Baſalte lamelleux. Pierre de touche.

M. Pazumot dans ſon Mémoire ſur les
terreins volcaniſés, rapporte que les plus

grandes plaques du bafalte lamelleux ont huit pieds ; leur épaiffeur eft de trois ou fix pouces.

Il y a du bafalte lamelleux qu'on peut divifer en feuillets , comme l'ardoife ; on l'employe pour couvrir les maifons.

La pierre de touche dont les Orfévres fe fervent pour reconnoître le cuivre d'avec l'or , eft une efpece de bafalte feuilleté , noirâtre , fufceptible d'un beau poli ; en frottant des métaux fur cette pierre ils y laiffent un trait coloré ; en paffant de l'acide nitreux deffus, l'or n'y eft point foluble ; les traits que l'argent ou le cuivre y ont laiffés difparoiffent fur le champ.

On trouve dans les prifmes de bafalte de St. Sandoux en Auvergne , des petites pyrites cuivreufes & de la terre martiale jaune.

Les Egyptiens faifoient des Statues & différens vafes , avec une efpece de bafalte noir, fufceptible d'un beau poli.

Plus les parties dont le bafalte eft com- pofé font fines, plus il eft dur & pefant, plus il fe fond aifément.

Le bafalte doit fa pefanteur & fa fufibi- lité à l'acide phofphorique ; ce n'eft point

un produit de volcans, comme on l'a avan-
cé, mais une criſtalliſation particuliere, à
laquelle le feu n'a point eu de part. Les pyrites cuivreuſes & la terre martiale jaune,
que contiennent les baſaltes de S. Sandoux,
le démontre. La pyrite cuivreuſe ſe décompoſe en éprouvant l'action du feu, la terre
martiale y devient rouge.

Les différentes eſpeces de baſalte expoſées
au feu, ſe vitrifient facilement & ſe changent en un émail noir, plus ou moins
foncé ; il y en a qui produiſent un émail
cellulaire ; je crois qu'on doit attribuer les
laves poreuſes au baſalte fondu.

Le baſalte peut ſervir d'intermede pour
décompoſer le nitre ; ſi l'on diſtille une
partie de ce ſel, avec deux de baſalte, on
obtient un eſprit de nitre rutilant très-pur.

Les acides ne font point efferveſcence
avec le baſalte, l'acide vitriolique concentré en dégage des vapeurs ſemblables, par
leur odeur, à celle du fer attaqué par le
même acide, elles en different en ce qu'elles
ne font point inflammables ; ſi l'on diſtille
du baſalte avec de l'acide vitriolique, le
réſidu eſt gris ; leſſivé & évaporé, il produit du vitriol martial.

J'ai sublimé de ces différentes especes de basalte avec huit parties de sel ammoniac, il s'est coloré en jaune ; l'extrêmité du bec de la cornue & les parois du récipient étoient enduits de sel ammoniac, coloré en vert clair, mêlé de lilas ; ces couleurs sont dûes à la petite portion de cobalt que le basalte contient quelquefois.

GRENATS.

Les grenats varient par leurs couleurs, il y en a de rouges, de violets, de bruns & de verdâtres ; ils ont plusieurs des propriétés du basalte, ils en different par leurs cristallisations, & la facilité avec laquelle ils se fondent ; ils se trouvent dans le mica, la serpentine, le quartz, &c. On les rencontre ordinairement en cristaux solitaires.

PREMIERE ESPECE.

Grenats dodécahedres.

On trouve rarement ces cristaux réguliers.

DEUXIEME ESPECE.

Grenats à vingt-quatre facettes.

Les plans de ces criftaux font rhomboïdes , ou trapézoïdes.

TROISIEME ESPECE.

Grenats feuilletés.

J'ai trouvé dans un mica noirâtre des
criftaux de grenats feuilletés , ils étoient
de la largeur d'un pouce , & avoient une
ligne d'épaiſſeur ; il y avoit plufieurs lames
femblables pofées les unes fur les autres.

On trouve des grenats dans les mines de
cuivre fulphureufes de Suede.

La pefanteur fpécifique des grenats eft
due à l'acide phofphorique. Les grenats
ont pour bafe les mêmes fubftances que le
bafalte.

Les grenats expofés au feu s'y fondent
& produifent un très-beau verre rouge foncé , demi-tranfparent ; cette couleur eft
due à de la terre martiale. J'ai fublimé une

partie de grenats avec huit parties de sel ammoniac, & j'ai obtenu de très-belles fleurs de Mars.

Les grenats ne contiennent point d'étain ; dans un des essais que j'ai fait pour obtenir le métal de ces criftaux , j'en ai mis dans un creufet brafqué , je les ai recouverts de charbon , j'ai expofé le mélange à un feu violent ; quand il a été réfroidi, j'ai trouvé dedans une maffe vitreufe verdâtre, tranf-parente & compofée de petites boules creu-fes ; ce verre nageoit fur l'eau.

PIERRES PRÉCIEUSES.

Les pierres précieufes different du quartz par leur dureté, leur pefanteur & la for-me de leurs criftaux ; il y en a dont la criftallifation reffemble à celle du bafalte.

EMERAUDE.

Cette pierre eft verte & tranfparente ; elle várie par fa criftallifation & les nuan-ces de fon vert.

PREMIERE ESPECE.

Emeraude criſtalliſée en priſmes à ſix pans tronqués.

Ces criſtaux n'ont ſouvent pas plus de quatre ou cinq lignes de longueur, ſur deux lignes de largeur ; ils ſont quelquefois un peu applatis ; j'en ai vu dans des morceaux de quartz blanc tranſparent ; on en trouve de cette eſpece au Bréſil & au Pérou.

DEUXIEME ESPECE.

Emeraude criſtalliſée en priſmes à huit pans d'inégale largeur, terminés par une pyramide triangulaire fort obtuſe.

Cette eſpece d'émeraude ſe trouve au Bréſil, on remarque ſur les pans de petites cannelures longitudinales ; il y en a quelquefois une qui rentre en dedans en forme de goutiere.

TROISIEME ESPECE.

Emeraude décahedre.

Ces criſtaux ſont formés de deux pyramides quadrilateres , jointes bafe à bafe , dont les fommets font tronqués & terminés par un plan rectangle , ou quarré long.

Ces émeraudes viennent de Carthagêne ; elles font connues fous le nom de Morillon , ou Negres-cartes.

Henckel dit avoir vû une émeraude prifmatique quadrangulaire , avec une pointe applatie.

Plus les émeraudes font tranfparentes , moins leur couleur s'altere au feu ; elles y deviennent opaques ; il y en a qui fe vitrifient à leur furface , qui fe change en un émail blanc & cellulaire.

TOPASE.

La topafe a une couleur jaune plus ou moins foncée ; expofée au feu elle y devient d'un blanc laiteux , elle fe vitrifie à fa furface.

PREMIERE ESPECE.

Topafe criftallifée en prifmes à huit pans inégaux , terminés par deux pyramides hexagones tronquées.

La topafe de Saxe eft un prifme à huit pans inégaux , terminés par deux pyramides hexaèdres tronquées, le prisme est composé de quatre hexagones opposés deux à deux, & de quatre trapezes allongés aussi opposés deux à deux; les plans de chaque pyramide sont deux grands pentagones, quatre petits trapezes, & un hexagone allongé.

Ce cristal a vingt-deux facettes.

DEUXIEME ESPECE.

Topase cristallisée en prismes quadrilateres rhomboïdaux, terminés par une pyramide quadrangulaire.

Ce prisme dont la base offre une surface plane rhomboïdale, est remarquable en ce que ses quatre faces sont légérement cannelées, comme celle de l'émeraude du Brésil; la pyramide est composée de plans triangulaires.

TROISIEME ESPECE.

Topase dont les cristaux sont décahedres.

Ils sont composés de deux pyramides à quatre pans, jointes par leurs bases, & dont les sommets sont tronqués.

La

La topafe expofée à un feu violent eft devenue blanche & demi - tranfparente , comme la calcédoine.

HYACINTE.

L'hyacinte eft d'une couleur rouge , tirant fur le jaune ; lorfqu'elle eft d'un rouge cramoifi , tirant fur celui du grenat , on la nomme vermeille ; c'eft le *giacinto guarnacino* des Italiens.

L'hyacinte criftallife en prifmes quadrilateres , terminés à l'un & l'autre bout par une pyramide quadrangulaire , dont les plans font rhomboïdes & alternativement oppofés aux faces du prifme.

On trouve des criftaux de cette efpece dans le ruiffeau d'Efpailly , à une demie lioue de la ville du Puy en Velay , on les nomme jargons d'hyacinte du Puy.

L'hyacinte expofée au feu le plus violent perd fa couleur , & conferve fa tranfparence ; fes criftaux fe vitrifient à leurs furfaces & adherent entr'eux , & aux parois du creufet.

PÉRIDOT.

Cette pierre eft d'un vert clair, & quelquefois foncé; fes criftaux font des prifmes à fix pans, d'inégale largeur, il y en a trois larges & trois étroits; un des pans larges eft liffe, les deux autres font légérement ftriés; des trois pans étroits, l'un eft relevé de trois cannelures, les deux autres font ftriés; le prifme eft terminé par deux pyramides obtufes, compofées de cinq plans triangulaires, dont un plan eft plus large.

Le péridot perd fa couleur au feu, il y devient blanc & opaque, fe vitrifie & fe bourfoufle à fa furface.

SAPHIR.

La couleur de cette pierre eft d'un bleu plus ou moins foncé; lorfque le faphir eft d'un bleu clair, on le nomme faphir d'eau; il perd un peu de fa couleur au feu, & il fe vitrifie à fa furface.

J'ai vu trois faphirs qui avoient des criftallifations différentes; l'un repréfentoit un prifme à fix pans comprimés, dont deux étoient larges & oppofés , les quatre autres petits & légérement ftriés ; le fommet du prifme étoit dihedre , fes pans inégaux ; l'un large & pentagone , l'autre un trapeze.

L'autre faphir repréfentoit un cube , dont les plans étoient rhomboïdes.

J'ai vû le troifiéme dans le Cabinet du Roi, il repréfente un prifme à neuf pans ftriés, il a près d'un pouce de diametre & environ dix lignes de haut ; fa couleur eft très-foncée.

CHRYSOLITE.

Cette pierre eft d'un vert clair , elle eft très-dure & ne perd point fa couleur au feu le plus violent ; elle fe vitrifie à fa furface , & ne change point fenfiblement de forme.

Les criftaux de la chryfolite repréfen-tent des prifmes à fix pans , terminés par deux pyramides tetrahedres ; le prifme eft compofé de deux rectangles oppofés , & de quatre hexagones , auffi oppofés deux à deux ; la pyramide eft formée de deux hexagones & de deux rhombes oppofés. Ces criftaux ont quatorze facettes.

D I A M A N T.

Cette pierre est très-dure & très-pesante ; sa cristallisation la plus ordinaire est octahedre. * Boyle a appris aux Physiciens que le diamant exposé à un feu violent exhaloit des vapeurs abondantes & très-âcres, qu'en suite il se dissipoit. **

. Le Diamant que j'ai exposé au feu a répandu des vapeurs âcres, accompagnées d'une lumiere distincte, qui formoit une auréole autour de lui ; pendant ce temps il a changé de forme, peu après il a disparu. Le diamant étant composé d'acide phosphorique & d'un alkali fixe, semblable à celui du quartz ; cet acide s'unissant avec le phlogistique forme du phosphore, qui se décompose aisément par le moyen du feu ; l'alkali fixe qui

---

* M. Dengestrom qui a traduit en Anglois la Minéralogie de M. Cronsted , rapporte dans une Note, qu'il a vû un diamant brut , dont la cristallisation représentoit un cube dont les angles étoient tronqués.

A System of Mineralogy p. 48.

. I have Lately seen a Rough Diamond , or in its native state , in a regular cube, with its angles truncated or cut off. ,

** Boyle *de gemmarum origine.* P. 34. & 36.

fervoit de bafe au diamant, eft enlevé dans le temps de la déflagration du phofphore.

Diamant rouge , Rubis.

Sa couleur eft d'un rouge plus ou moins foncé, fes criftaux font octahedres, comme ceux du diamant; expofés au feu le plus violent, ils ne perdent point leur couleur & ne s'y fondent point. J'ai fondu un gros de rubis avec deux gros d'alkali fixe, j'ai obtenu un verre brun & opaque ; j'ai enfuite mêlé ce verre avec trois parties de fel ammoniac , j'ai diftillé ce mélange ; il a paffé d'abord de l'alkali volatil., enfuite du fel ammoniac coloré en jaune ; ce qui annonce une portion de fer dans le rubis, puifqu'en mettant de la noix de galle dans la diffolution de ce fel ammoniac , il s'eft fait de l'encre.

Toutes les pierres précieufes font de la même nature que le bafalte, elles n'en different que parce qu'elles contiennent beaucoup moins de terre métallique.

J A D E.

Cette efpece de bafalte fe trouve en maffe irréguliere comme les cailloux, on en ramaffe fur les bords de la riviere des Amazones ; le jade eft demi-tranfparent, il varie par fa couleur ; il y en a d'un blanc laiteux & de verdâtre, fa pefanteur & fa dureté approchent de celle du diamant ; on ignore les moyens que les Indiens employent pour le travailler.

Le jade verdâtre & demi-tranfparent devient blanc & opaque par la calcination, à un feu violent il fe vitrifie & fe bourfoufle.

TERRE VÉGÉTALE.

On diftingue différentes efpeces de terres végétales ; elles font compofées d'argille, de fable, de terre abforbante & de fer, auquel elles doivent leur couleur brune.

La terre végétale eft ordinairement produite par la décompofition des végétaux, il s'en forme journellement.

PREMIERE ESPECE.

Terreau de couche.

Il eft compofé de végétaux & de fiente des animaux herbivores, altérée par la putréfaction ; il eft d'un brun noirâtre ; fi

on l'examine à la loupe, on reconnoît qu'il
eſt rempli de petits vers, & d'une quantité
innombrable d'animalcules ; ſi l'on étend
ſur une planche du terreau , ſi enſuite on
l'expoſe au ſoleil , chaque molécule paroît
animée & en mouvement, à meſure qu'il ſe
deſſeche on voit le mouvement ſe rallentir,
& les petits animaux qu'on appercevoit à
l'aide de la loupe , perdent leur forme ;
lorſque le terreau eſt deſſéché , on n'y apperçoit plus de mouvement.

Le terreau diſtillé produit de l'alkali volatil & de l'huile empyreumatique.

DEUXIEME ESPECE.

Terreau végétal.

Il differe beaucoup du terreau de couche, il eſt moins propre à produire une végétation prompte , il contient beaucoup moins
d'alkali volatil & d'huile.

TROISIEME ESPECE.

Terre végétale.

Les terreaux perdent en peu de temps
leur propriété hâtive , & paſſent à l'étar

de terre végétale ; la terre végétale elle-
même s'épuise & ne seroit plus propre à la
végétation, si on ne la ranimoit, pour ainsi
dire, par des engrais ; la végétation est produite par l'alkali volatil, dégagé des matieres putréfiées ; mais s'il est combiné avec
des acides, il faut alors employer des terres
calcaires pour le dégager ; la marne est souvent employée avec le plus grand succès,
de même que les cendres de bois, &c.

Comme les proportions des différentes
terres qui composent la terre végétale varient beaucoup, il faut être très-attentif à la
nature de l'engrais qu'on employe ; lorsque
l'argille y est en trop grande quantité, il
suffit souvent d'y mettre du sable pour empêcher que dans un temps de sécheresse le
collet de la plante ne soit trop serré ; car
l'argille éprouvant en se desséchant un re-
trait considérable, fait souvent périr les
jeunes plantes.

La terre noire des jardins se vitrifie au feu
& produit un émail verdâtre & cellulaire.

La terre végétale produit, par la distillation, beaucoup moins d'alkali volatil &
d'huile, que les précédentes.

QUATRIEME ESPECE.

TERRE FRANCHE.

Cette terre eſt d'une couleur jaunâtre ; elle eſt compoſée d'une grande quantité d'argille mêlée de ſable, de craie & de fer, elle n'eſt point auſſi propre à la végétation que les autres ; on en trouve des bancs qui ont vingt & trente pieds d'épaiſſeur ; on rencontre dedans des veines de terre calcaire, des maſſes de cailloux blanchâtres, qui ſont très-tendres lorſqu'on les retire de la terre ; j'ai ſouvent trouvé dedans, en les caſſant, des cavités remplies d'eau très-pure, inodore & inſipide ; ces maſſes de cailloux expoſées à l'air y prennent en peu de temps la plus grande dureté.

La terre franche détrempée avec de l'eau ſert de mortier pour lier enſemble les moël-lons, on l'employe dans les campagnes pour faire les murs de clôture.

Cette terre peut ſervir à faire des poteries verniſſées, & le biſcuit de la fayance.

Si on expoſe de la terre franche à un feu violent, elle ſe change en un émail verdâ-tre & cellulaire.

Cette terre peut fervir à luter les cornues.

T O U R B E.

On donne le nom de tourbe à un entaffe-
ment de matieres végétales à demi pour-
ries , il fe fait tous les jours de nouvelles
additions dans les tourbieres ; les végétaux
qui croiffent dans ces endroits ne fe détruifent
auffi facilement , que parce qu'il s'y trouve
beaucoup d'eau, elle fe communique par im-
bibition, comme dans une éponge, jufqu'aux
nouvelles pouffes ; celles - ci fe fanent à
leur tour , pourriffent & forment une efpece de fumier où croiffent de nouvelles her-
bes , de maniere qu'il y a des tourbieres fort
anciennes & très-profondes.

On reconnoît deux efpeces de tourbe :
l'une qu'on nomme limonneufe & qui fe
trouve au fond de l'eau à feize ou dix-fept
pieds; elle eft plus pefante , plus compacte
& dure plus long-temps au feu que celle
qui fe trouve à la furface de la terre , qui
eft fibreufe & compofée d'un amas de plantes peu altérées ; celle-ci eft plus légere ,
s'allume plus aifément & donne moins de
chaleur.

La tourbe décompofée par le feu à peu près comme le bois qu'on veut réduire en charbon, en produit un qui dure très-long-temps au feu & qui donne une chaleur égale. Boyle en faifoit très-grand cas, & a prouvé qu'on pouvoit l'employer pour la fonte des métaux.

PREMIERE ESPECE.

Tourbe fibreufe.

Elle eft noirâtre & compofée de débris de végétaux ; il y en a où l'on peut encore reconnoître l'efpece de plantes dont elle eft formée.

La tourbe de Villeroy produit, par fa diftillation, de l'alkali volatil & une matiere oleo-favonneufe ; les cendtes de cette efpece de tourbe font jaunâtres, elles ne produifent point de fel par la leffive ; fi on les expofe à un feu violent, elles s'y vitri-fient, & fe changent en un émail noir.

La tourbe de Picardie eft plus noire que celle de Villeroy, elle n'en differe que parce qu'elle contient une bien plus grande quantité de fer ; ces cendres font rougeâ-tres ; expofées au feu le plus violent elles noircissent & ne se vitrifient point , dans cet état elles sont entiérement attirables par l'aimant.

DEUXIEME ESPECE.

Tourbe limonneuse de Hollande.

Elle est préférable pour l'usage à la tourbe dont je viens de parler, elle en differe essentiellement par les matieres dont elle est composée ; elle est noire & compacte, elle ne paroît point fibreuse , elle produit par la distillation un esprit acide, une huile légere, qui se fige en réfroidissant, & qui prend une confistance semblable à celle du beurre de Cacao.

Les cendres de cette espece de tourbe sont grisâtres, elles produisent par la lessive, de la sélénite, du sel marin à base terreuse & du sel de glauber ; le résidu exposé au feu se change en un émail noir.

Si l'on verse sur de la cendre de cette tourbe de l'acide nitreux , il se fait un peu d'effervescence ; six heures après, le tout se change en une gelée transparente semblable à celle que produit la zéolite.

L'odeur que répand en brûlant la tourbe

limonneufe de Hollande eft beaucoup moins défagréable que celle de la tourbe de Ville-roy ; le charbon qu'elle produit refte plus long-temps embrafé ; le charbon de la tour-be en brûlant fe couvre de cendres à fa furface, tandis que dans fon intérieur il eft rouge & embrafé ; fi l'on n'y touche point il conferve fa forme & fon volume.

ERUPTIONS DE VOLCANS.

Les volcans rejettent différentes matie-res fondues , elles varient par leur cou-leur & leur pefanteur ; il y en a de com-pactes & de cellulaires, elles font ordinai-rement opaques, elles renferment quelque-fois des fubftances qui ne paroiffent point avoir éprouvé l'action du feu.

PREMIERE ESPECE.

Lave compacte.

Elle eft très - dure, on en trouve de grife & de rougeâtre. Naples eft pavé avec une lave de cette efpece ; fi on l'expofe à un feu violent , elle fe change en un émail noir.

DEUXIEME ESPECE.

Lave poreuse.

Elle varie par la couleur, elle eſt criblée de petits trous ; la pierre de Volvic, qu'on employe pour la bâtiſſe en Auvergne, eſt de cette eſpece ; elle eſt très-dure & ne s'altere point à l'air.

On trouve en Auvergne des laves cellulaires, noirâtres, très-légéres, dont les cavités ſont rondes & ont une ligne ou une ligne & demie de diametre ; quoique cette lave ſoit criblée de trous, elle a beaucoup de dureté ; on la nomme *lapillo*, lorſqu'elle eſt en petits morceaux ; cette lave expoſée au feu ſe change en émail noir, ſemblable à celui que produit le baſalte qu'on trouve dans cette mêine Province.

TROISIEME ESPECE.

Pierre-ponce.

Cette éruption differe des autres par ſa légéreté & ſa couleur ; il y en a de blanche, de griſe, de jaune & de brune ; elle eſt cellulaire. La pierre-ponce paroît compofée de ftries paralleles très-fines, & quelquefois entortillées.

La pierre-ponce réduite en poudre & expofée à un feu violent, fe change en verre blanc.

QUATRIEME ESPECE.

Pouzzolane.

C'eft une lave qui paroît compofée de petits fragmens affemblés, & qui n'ont que peu d'adhérence entr'eux ; elle varie par la couleur & la divifion des parties dont elle eft compofée ; il y en a de jaunâtre & de rougeâtre.

CINQUIEME ESPECE.

Pierre obfidienne, ou de gallinace.

Cette éruption eft un émail noir ; on le trouve en maffes confidérables en Iflande, & dans d'autres contrées ; on ne remarque ni pores ni bulles dans cet émail ; lorfqu'il eft en petites lames & qu'on le regarde à la lumiere d'une chandelle, il paroît demi-tranfparent.

Les émaux que produifent les autres érup-
tions de volcans , lorfqu'on les expofe à un
feu violent , font femblables à la pierre de
gallinace.

SIXIEME ESPECE.

Scories de Volcans.

Elles font brunes , quelquefois jaunâtres ;
on remarque à leur furface & dans l'intérieur, de grandes cavités , elles fe décom-
pofent fouvent à l'air ; on trouve dans des
fcories de cette efpece de petits criftaux
décahedres de bafalte noir.

La pierre obfidienne , de même que la
lave poreufe noirâtre , me paroiffent devoir
leur naiffance à du bafalte fondu.

Les pierres-ponces font produites par des
marnes vitrifiées.

Fin de la feconde Partie.

TROISIEME

TROISIEME PARTIE.

DES SUBSTANCES MÉTALLIQUES.

LES fubftances métalliques different par leurs propriétés, leurs couleurs, leurs odeurs, leurs pefanteurs & leur ductilité ; il y en a qui s'évaporent fans fe décompofer lorf-qu'on les expofe au feu ; d'autres s'y décom-pofent & répandent une odeur défagréable & pernicieufe ; quelques-unes réfiftent à l'action du feu ; les fubftances métalliques font divifées en métaux & en demi-métaux ; les premiers font ductiles, les demi-métaux ne le font pas ; ils alterent même la ducti-lité des métaux.

Les fubftances métalliques font effentiel-lement compofées d'une terre qui leur eft propre, combinée avec le phlogiftique ; on nomme chaux ces terres métalliques privées de phlogiftique ; elles ont une couleur bien différente de celle du métal, dont elles font la bafe ; la plûpart de ces chaux fe vitrifient

K

lorfqu'on les expofe au feu ; elles produifent des verres colorés, dont la couleur eft
différente de la chaux & du métal ; quelques-uns de ces verres font diffolubles dans
les acides.

Les métaux & les demi-métaux fe trouvent quelquefois dans la terre fans être minéralifés, on les nomme métaux vierges ;
mais ils font ordinairement unis avec le
foufre , ou avec l'arfenic ; on croyoit qu'ils
fervoient à minéralifer toutes les fubftances
métalliques. En 1765, j'ai rendu publiques
les découvertes que j'avois faites de trois
nouveaux minéralifateurs, l'acide marin ,
l'alkali volatil & la matiere graffe produite
par l'alkali volatil décompofé.

Les fubftances métalliques unies à un de
ces cinq minéralifateurs, font connues fous
le nom de mines ; elles font fragiles & ont
des couleurs bien différentes des métaux
qu'elles contiennent ; elles font ordinairement criftallifées : quelquefois le fer & la
terre abforbante deviennent l'intermede de
combinaifon du foufre avec les fubftances
métalliques , ce qu'on reconnoît aifément
dans l'or minéralifé de Hongrie , & dans la
blende.

Les métaux & les demi-métaux fe trouvent fouvent confondus lorfqu'ils font minéralifés , ils fe trouvent dans la terre à différentes profondeurs ; on nomme mines , ou minieres, les lieux où on les rencontre en maffes immenfes, ou en filons, ou en veines , qui ont ordinairement un foyer commun ; leurs gangues varient. Pour retirer les mines de la terre , on eft obligé de faire des puits & des galleries ; on a recours à la poudre à canon pour détacher plus promptement & plus aifément de gros morceaux de mines ; pour en retirer le métal , on les bocarde , on les lave, on les calcine & on les fond avec du charbon dans des fourneaux, dont la conftruction differe fuivant l'efpece de métal qu'on doit y traiter.

Toutes les fubftances métalliques qui font minéralifées par l'acide marin, l'alkali volatil & la matiere graffe , produite par l'alkali volatil décompofé , n'ont pas befoin de torréfaction.

Le mercure peut fervir à l'exploitation de l'or & de l'argent qui ne font point minéralifés , cette méthode eft employée au Pérou ; fi elle eft prompte, elle n'eft pas moins coûteufe que celle que l'on feroit

K ij

par la fufion , car on perd l'argent qui eft minéralifé par l'acide marin. J'ai reconnu qu'il fe trouvoit en très-grande quantité dans les mines d'argent de cette contrée ; l'or minéralifé peut y être auffi commun qu'en Hongrie. Si on faifoit plus d'attention à l'intérêt qui peut réfulter d'une exploitation faite avec foin , on cultiveroit la Docimafie.

MERCURE ou *VIF-ARGENT*.

Le mercure eft la feule fubftance métallique qui foit fluide , il eft blanc & brillant comme l'argent , il n'a ni goût ni odeur ; il paroît plus froid que les autres fluides ; quoiqu'il reçoive également les impreffions de l'atmofphere , ce dont on s'apperçoit en mettant un thermometre dans du mercure , il y conferve le degré de l'atmofphere. Le mercure eft le fluide le plus propre à faire reconnoître la température de l'air ; les thermometres faits avec du mercure font plus certains & préférables dans les expériences ; le thermometre à l'efprit-de-vin ne peut être expofé au degré de chaleur de l'eau bouillante, puifqu'il eft réduit en vapeurs avant d'avoir éprouvé ce degré ; le mercure ne peut être volatilifé qu'à un degré de chaleur beaucoup plus confidérable ; un grand froid peut geler l'efprit-de-vin & rompre les thermometres. M. de Maupertuis l'a éprouvé à Torneo ; les thermometres de mercure n'y auroient point éprouvé d'altération, quoiqu'un très-grand froid puiffe le folidifier, comme le prouvent les expériences faites à S. Peterfbourg ; mais le froid artificiel qu'on produifit alors, étoit beaucoup plus confidérable que celui que M. de Maupertuis éprouva à Torneo.

Le mercure diffout la plûpart des fubftances métalliques fans effervefcence & fans chaleur fenfible ; cette diffolution fe nomme amalgame. L'or & l'argent font les métaux avec lefquels le mercure s'unit le plus facilement, les autres métaux & demi-métaux perdent une partie de leur phlogiftique par l'amalgame ; lorfqu'on les diftille, on trouve une partie de ces métaux fous forme de chaux.

Le mercure n'éprouve point d'altération par les diftillations répétées ; je ne connois point le moyen de le réduire en chaux.

Le mercure combiné avec l'acide vitriolique , forme le turbith minéral ; avec l'a-
cide nitreux, le nitre mercuriel ; avec l'a-
cide marin , le fublimé corrofif.

Le mercure n'eft jamais minéralifé que
par le foufre ; on le trouve quelquefois
fous forme métallique.

MERCURE VIERGE.

On en trouve dans la plûpart des mines
avec de la pyrite martiale, dans du fchifte,
ou dans d'autres terres.

Pour l'obtenir il fuffit de diftiller les terres qui en contiennent dans une cornue de
fer ou de verre.

CINABRE.

Le mercure combiné avec le foufre forme un fel infoluble , qui criftallife ordinairement en fibres, ou filets paralleles ;
on le nomme cinabre ; il y en a d'opaque
& de tranfparent

PREMIERE ESPECE.

Cinabre opaque.

Il fe trouve comme les autres mines

mêlé avec différentes terres & des pyrites
martiales , quelquefois il est strié ; mais le
plus souvent on ne peut point déterminer
sa figure ; il est rouge , mais cette couleur
est elle-même très-variée ; il y en a d'un
rouge brun , dont on dégage du mercure en
l'échauffant dans les mains.

DEUXIEME ESPECE.

*Cinabre transparent d'une couleur rouge
semblable à celle du rubis.*

Il cristallise en prismes triangulaires terminés par des pyramides triangulaires tronquées.

Ce cinabre est très-rare , celui que j'ai
vient du Duché de Deux-Ponts ; il est entre
deux filons de quartz ; entre ces cristaux on
trouve de l'asphalte très-pur & du mercure
vierge.

Pour retirer le cinabre des pierres & des
terres avec lesquelles il est mêlé , il faut les
réduire en poudre grossiere & le sublimer
dans des matras ; on retire le mercure du
cinabre en le distillant avec des intermedes
convenables ; le fer est celui qui réussit le

mieux ; dans le commencement de la diſtillation il ſe dégage une odeur de foie de
ſoufre , il s'attache aux parois du récipient
une matiere oleagineuſe ; le cinabre contient les ſept huitiémes de mercure , on fait
du cinabre en ſublimant enſemble du mercure & du ſoufre ; le degré de chaleur néceſſaire pour cette ſublimation eſt beaucoup plus conſidérable que celui qu'il faudroit pour diſtiller le mercure , ou pour
ſublimer le ſoufre. Ce cinabre artificiel eſt
ſtrié & opaque , d'un rouge obſcur ; lorſqu'on le réduit en poudre fine , il prend une
belle couleur rouge , on le nomme ver-
millon.

On peut aiſément reconnoître ſi une mine
contient du mercure , en la réduiſant en
poudre , & en la mêlant avec deux parties
de limaille de fer ; on met enſuite ce mélange ſur une brique rougie , & on le couvre avec un verre ; le mercure s'attache à
ſes parois & les obſcurcit.

Si le mercure eſt mêlé avec quelques
ſubſtances qui alterent ſa pureté , il faut le
diſtiller dans une cornue , au fourneau du
réverbere.

ARSENIC.

Ce demi-métal eft blanc, brillant comme l'argent, il noircit à l'air; expofé au feu il répand une fumée blanche, qui a l'odeur d'ail; à un feu violent le régule d'arfenic s'enflamme, cette flamme paroît bleue; la fumée qui fe dégage de l'arfenic, condenfée, produit une chaux blanche, très-pefante, nommée arfenic; cette chaux fondue fe change en un verre jaunâtre tranfparent, qui effleurit, devient blanc & opaque à l'air; ce verre eft encore nommé dans le commerce arfenic; fi on l'expofe au feu, il brûle, fe fublime & répand une odeur d'ail; ce demi-métal me paroît inaltérable au feu; lorfque l'arfenic fert à minéralifer les fubftances métalliques, il eft fous forme de régule.

Le régule d'arfenic ne fe trouve jamais pur, il eft toujours mêlé avec le fer & le cobalt.

Le régule d'arfenic n'eft point foluble dans l'eau, il eft beaucoup moins dangereux que fa chaux, ou fon verre; j'ai fait prendre une demi-once de régule d'arfenic à un chat, il n'en fut point empoifonné, il maigrit pendant quelqne temps, & reprit après fon embonpoint.

La chaux d'arfenic qu'on retire du cobalt par la fublimation, enleve toujours une portion de cobalt ; les expériences fuivantes le font aifément reconnoître.

J'ai diftillé de la chaux d'arfenic avec trois parties d'huile de vitriol, il a paffé d'abord de l'acide fulphureux, enfuite de l'huile de vitriol ; il s'eft fublimé de l'arfenic blanc, le réfidu étoit bleu & tranfparent ; l'ayant caffé j'ai vû que plufieurs de fes fragmens repréfentoient des pyramides à fix pans ; ce réfidu expofé au feu n'a point répandu d'odeur d'ail ; je l'ai tenu en fufion pendant une demi-heure, il ne m'a point paru qu'il s'en fût diffipé ; il reftoit au fond du creufet une maffe vitreufe, verdâtre & cellulaire.

J'ai fublimé enfemble parties égales de chaux d'arfenic & de fel ammoniac, il a paffé quelques gouttes d'alkali volatil & un peu de beurre d'arfenic, enfuite le fel ammoniac & l'arfenic fe font fublimés ; le réfidu étoit verdâtre ; expofé à l'air il eft

devenu brun ; fondu avec du borax , il lui
a donné une belle couleur bleue.

La chaux d'arfenic n'a point de goût ;
eft foluble dans l'eau & dans les matieres
graffes ; c'eft un poifon lent & terrible ; il
produit un effet efcarotique, lorfqu'on l'applique fur les plaies , & lorfqu'il eft réforbé
par intuffufception, il eft capable d'occa-
fionner le défordre le plus cruel , & la mort
même.

Les acides peuvent être regardés comme
l'antidote de ce poifon , fur-tout le vinaigre ; les huiles , les émulfions ne font point
propres à calmer font effet , comme les acides ; j'en ai fait les expériences fur des
animaux.

PREMIERE ESPECE.

Mines d'Arfénic noirâtre feuilletée,
Arfenic natif.

Cette mine eft noirâtre & feuilletée ,
d'une couleur grife , brillante dans fa fracture comme la galene ; elle noircit à l'air,
elle fait feu avec le briquet & répand une
odeur d'ail ; l'acide marin & l'eau régale en
diffolvent une partie.

Cette r ine réduite en poudre & exposée au feu dans un teſt, ſe diſſipe pour la plus grande partie, & laiſſe par quintal, après avoir été torréfiée, huit livres d'une poudre rougeâtre, en partie attirable par l'aimant; elle contient un tie s de ſon poids de cobalt. Il y a une r ire d'arſenic de cette eſpece, connue ſous le nom de cobalt teſtacé.

DEUXIEME ESPECE.

Mine d'arſenic cubique, Miſpikkel, Mondic, Pyrite arſénicale.

Cette mine a la couleur de l'étain, elle ne change point ſenſiblement de couleur à l'air, elle criſtalliſe en cubes ou en parallélipipedes, ſouvent elle ſe trouve en maſſes irrégulieres; elle contient moins d'arſenic, mais plus de cobalt & de fer que la précédente, elle ſe dſſout en partie avec efferveſcence dans l'eau régale.

TROISIEME ESPECE.

Chaux d'arſenic.

L'arſenic ſe trouve quelquefois ſous forme de chaux blanche à la ſurface des mines; il y a en Hongrie une mine d'or arſe nicale, où ce demi-métal se rencontre sous forme de chaux, & sous celle de régule brillant; dans cette mine, l'or est mineralisé par l'arsenic, par l'intermede du fer.

La chaux d'arsenic sublimée produit des cristaux triangulaires.

Verre d'arsenic.

Il est jaunâtre & transparent, on en trouve dans les mines de cobalt de la vallée de Gifton.

QUATRIEME ESPECE.

Arsenic minéralisé par le soufre ; Crpin, Orpiment.

Cette mine d'arsenic est jaune & brillante, elle cristallise en lames ou feuillets quarrés posés les uns sur les autres, quelquefois elle est demi - transparente; il y a de l'orpiment verdâtre.

CINQUIEME ESPECE.

Arsénic minéralisé par le soufre, Réalgar.

Le réalgar est rouge, il contient une plus grande quantité de soufre que l'orpiment ;

on en trouve de tranſparent & d'opaque ; j'ai trouvé des criſtaux de réalgar tranſparent dans une éruption de la Solfatare, qui contenoit du ſel ammoniac vitriolique, du ſel ammoniac ſulphureux & du vitriol martial.

SIXIEME ESPECE.

Réalgar opaque.

Les Chinois font des vaſes & des pagodes avec cette eſpece de mine d'arſenic.

L'orpin & le réalgar ſont employés en peinture ; quoique moins dangereux que l'arſenic, ils ne ſont pas moins à craindre.

L'arſenic eſt de toutes les ſubſtances métalliques, la plus volatile, & celle qui ſe réduit le plus promptement en chaux ; c'eſt auſſi la ſeule qui répand une odeur déſagréable, lorſqu'elle eſt pénétrée par le feu : quoique les vapeurs arſénicales ſoient très-dangereuſes, les Fondeurs craignent beaucoup plus celles du plomb.

Pour retirer le régule d'arſenic, il faut faire une pâte avec de la chaux d'arſenic & de l'huile, la mettre ſublimer dans un matras qu'on aura mis dans un creuſet, où il fera entouré de fable jufqu'au col , on continue le feu jufqu'à ce que le fond du matras ait rougi ; le matras réfroidi , on trouve à fes parois fupérieures l'arfenic fubli- mé & réduit.

La chaux d'arfenic eft quelquefois em- ployée pour purifier le verre ; il y a des pays où l'on a foin d'en mêler avec les grains qu'on doit femer , afin de les défendre des infectes. Les Teinturiers font entrer de la chaux d'arfenic dans leur Brevet , pour la teinture en noir.

L'arfenic fondu avec le cuivre rouge lui donne une couleur blanche ; ce mélange métallique fe rouille bien plus aîfément que le cuivre.

L'arfenic diffous par le foie de foufre ter- reux , eft employé pour effayer les vins litargirés ; on fe fert de cette diffolution, pour l'encre de fimpathie, avec le vinaigre de faturne , elle le décompofe & fait pren- dre au plomb qu'il contient une couleur noire.

COBALT ou *COBOLT*.

Le cobalt eft un demi-métal d'un gris cendré, il noircit à fa furface lorfqu'il eft exposé à l'air ; il est fragile & compacte ; il se fond difficilement & ne s'altere point au feu, il résiste à la coupelle ; il y prend une couleur noire, il ne s'amalgame point avec le mercure.

Les mines de cobalt varient par leur couleur, suivant la nature de leur minéralisateur ; on trouve ce demi-métal minéralisé par l'arsenic, le soufre, l'acide marin & quelquefois uni avec l'acide vitriolique ; lorsqu'il est minéralisé par l'arsenic, il a une couleur grise & brillante ; on y trouve souvent du bismuth & quelquefois du fer & du cuivre ; il y a de ces mines à la surface desquelles on voit une efflorescence lilas, & quelquefois violette, elles sont moins brillantes dans leurs fractures que les précédentes.

L'efflorescence lilas est due à l'acide vitriolique, ou à l'acide marin ; celle qui est produite par l'acide vitriolique, combiné avec le cobalt, ne change point de couleur lorsqu'on l'expose au feu ; celle qui est due à l'acide marin, y devient verte ; ce même acide, uni au cobalt, lui donne différentes couleurs, rouges, violettes, noires, grises, chatoyantes & vertes.

La

La chaux de cobalt eft rougeâtre ; mêlée avec du fable , on la nomme faffre ; fi l'on fond ce mélange avec de l'alkali fixe , on forme un émail bleu , dont la couleur ne s'altere point au feu. Toutes les mines de cobalt ne font point propres à produire un beau fmalth , parce qu'elles contiennent fouvent du fer , du bifmuth , ou du cuivre ; celles qui n'en contiennent point font les plus recherchées ; telle eft celle de la vallée de Gifton ; réduite en faffre elle rapporte quinze cens pour cent ; le quintal de mine fe vend quarante-cinq livres ; après avoir été calciné il produit moitié de chaux , laquelle mêlée avec trois fois fon poids de fable , eft vendue dans le commerce , fous le nom de faffre , quatre francs la livre. Deux quintaux de mine fervent à faire quatre quintaux de faffre, & produifent feize cens francs.

Le régule de cobalt eft foluble dans tous les acides , fa diffolution eft d'un rouge plus ou moins foncé ; l'encre de fimpathie de M. Hellot eft une diffolution de cobalt dans l'eau régale ; les traits qu'on a deffinés fur un papier avec cette diffolution étendue d'eau , font invifibles ; mais fi-tôt qu'on les échauffe , ils paroiffent d'un verd céladon.

Pour avoir le régule de cobalt pur , il faut sublimer plusieurs fois du sel ammoniac avec ce demi-métal ; le fer & le bismuth qu'il contient se subliment ; le cobalt reste au fond de la cornue & prend différentes couleurs ; j'ai sublimé trente onces de sel ammoniac en trente fois , avec un once de régule de cobalt ; les sublimations & les résidus m'ont toujours offert des produits nouveaux & intéressans.

Le cobalt peut s'unir par la fusion avec la plûpart des substances métalliques , excepté le bismuth ; ce dernier comme plus pesant se précipite , mais le cobalt en retient toujours une partie , comme le prouvent les sublimations avec le sel ammoniac qui produisent du beurre de bismuth. Une partie de fer fondue avec sept parties de cobalt forme un mélange métallique , attirable par l'aimant.

J'ai fait prendre à des animaux du régule de cobalt en poudre , ils n'en ont point été incommodés.

PREMIERE ESPECE.

Mine de cobalt criftallifée.

Ces criftaux ont dix-huit facettes , & re-préfentent un prifme à huit pans terminé par deux pyramides à quatre pans tron-qués ; des huit pans du prifme il y en a quatre hexagones & quatre quarrés , les pyramides font compofées de quatre plans hexagones & d'un quarré ; cette mine eft d'un gris blanc & brillant comme l'argent , elle n'effleurit point à l'air ; elle contient de l'arfenic, du cobalt, du fer & du bifmuth ; l'arfenic s'y trouve quelquefois dans la pro-portion de moitié , le fer & le bifmuth y font en très-petite quantité.

Les criftaux de cette efpece de mine font quelquefois dodécahedres , alors chaque plan eft pentagone.

DEUXIEME ESPECE.

Mine de cobalt d'un gris cendré.

Dans fa fracture elle reffemble à de l'a-cier, elle ne tombe point en efflorefcence à l'air ; elle ne contient ni fer ni bifmuth.

La mine de cobalt de la vallée de Gifton , limitrophe de la Bigorre, montagne
de S. Juan , en terre Espagnole , est de
cette espece ; elle est mêlée de verre d'arsenic jaunâtre & transparent. Le cobalt y est
minéralise par l'arsenic.

TROISIEME ESPECE.

Mine de Cobalt d'un gris rougeâtre , Kupfernickel.

Elle est souvent recouverte d'une efflorescence rougeâtre ou verdâtre ; l'intérieur
est d'un gris rougeâtre & brillant, on y
trouve des veines grifes & d'autres jaunâtres ; ces dernieres font du verre d'arsenic.

Le Kupfernickel contient de l'arsenic ,
du cobalt , du cuivre & du fer ; par la
calcination il diminue de vingt-neuf livres
par quintal ; par la réduction j'ai obtenu
cinquante livres de régule par quintal , sa
couleur est semblable à celle du cobalt ;
cette mine m'a souvent donné des culots ,
dont la partie inférieure étoit composée de
stries entrelacées & comme nattées ; après
le laps de quelque temps , ils se couvrent
d'une efflorescence verte & cuivreuse.

Si l'on verfe de l'eau régale fur du kupfernickel en poudre, il ne fe fait point
d'effervefcence ; mais vingt-quatre heures
après on la trouve colorée du plus beau
verd ; fi l'on verfe dans cette diffolution de
l'alkali volatil, il fe fait un précipité bleu ;
fi l'on en met davantage, le précipité fe
diffout, & prend une belle couleur d'un
bleu célefte.

J'ai diftillé du kupfernickel calciné avec
du fel ammoniac, & j'ai reconnu par les
produits, qu'il contient du cuivre & du
fer, mais que la plus grande partie eft du
cobalt.

QUATRIEME ESPECE.

Mine de Cobalt rouge tranfparente
& criftallifée.

Ces criftaux font tranfparens, d'une belle
couleur rouge femblable à celle du rubis ;
ils repréfentent des prifmes à quatre pans
ftriés, terminés par deux pyramides dihe-
dres, dont les plans font des trapezes. On
trouve quelquefois ces criftaux en forme
d'étoiles, ils paroiffent opaques lorfqu'ils

font minces & appliqués à la furface des fubftances opaques.

Ces criftaux font compofés d'acide marin & de cobalt.

On en trouve qui repréfentent des prifmes hexagones comprimés , ayant deux plans plus larges que les autres , terminés par une pyramide dihedre , dont les plans font pentagones.

CINQUIEME ESPECE.

Mine de Cobalt en efflorefcence.

La couleur des efflorefcences de cobalt eft d'un rouge pâle , dont les nuances varient beaucoup ; il y en a qui font prefque blanches , expofées au feu elles y deviennent vertes ; ces efflorefcences font des fels formés par l'acide marin & le cobalt.

SIXIEME ESPECE.

Mine de Cobalt violette.

Dans cette mine le cobalt eft uni à l'acide marin ; le fpath fufible violet & l'améthifte doivent leurs couleurs à ce demi-métal.

SEPTIEME ESPECE.

Mine de Cobalt noire.

Elle reſſemble à de la ſuie, elle eſt noire, poreuſe & fragile ; elle doit ſa couleur à de l'acide marin ; elle ſe couvre quelquefois d'une eﬄoreſcence lilas.

HUITIEME ESPECE.

Mine de Cobalt d'un gris chatoyant.

J'ai trouvé de cette mine dans du fer ſpathique blanc, elle doit ſa couleur à de l'acide marin ; on peut retirer cet acide de toutes ces eſpeces de mines, en les diſtillant dans une cornue, & en y adaptant un récipient enduit d'huile de tartre par défaillance. J'ai fait artificiellement toutes ces mines, en diſtillant pluſieurs fois du cobalt avec du ſel ammoniac ; je ſuis auſſi parvenu à donner à ce demi-métal une couleur verte qui ne s'altere point à l'air.

NEUVIEME ESPECE.

Mine de Cobalt verte.

Cette mine est très-dure , & fait feu avec le briquet, elle est susceptible du poli ; c'est une espece de jaspe , la couleur est due à du cobalt uni à de l'acide marin ; en fondant de ce jaspe avec du borax, on obtient un beau verre bleu.

La plûpart des jaspes verds doivent leurs couleurs à du cobalt uni à de l'acide marin , elle se dissipe à un feu violent. L'émeraude m'a aussi paru colorée par ce demi-métal.

VITRIOL DE COBALT.

Ce sel est presque insoluble, il varie par sa couleur ; il y en a d'un rouge pâle, de verdâtre & de brun ; ce sel est moins compacte que les précédens ; il l'est cependant plus que celui qui est couleur de suie ; le vitriol de cobalt rougeâtre ne perd point sa couleur au feu, celui qui est verdâtre y devient rouge. J'ai fait du vitriol semblable en distillant de l'acide vitriolique avec du régule de cobalt ; ce sel exposé à l'air y devient cellulaire & verdâtre ; exposé au feu il y reprend sa couleur rouge.

Le cobalt minéralisé par l'acide marin, ou sous forme de vitriol, n'a pas besoin de torréfaction pour être employé à colorer le verre en bleu ; il ne peut se charger que d'une certaine quantité de chaux de cobalt ; celle qui est surabondante se précipite au fond de l'émail, sous forme de régule ; on le nomme speis.

La blende, la manganaise & le basalte contiennent du cobalt.

Z I N C.

Le zinc est un demi-métal blanc, bleuâtre, brillant ; il n'est point fragile comme les autres demi-métaux ; exposé au feu il se fond, rougit & brûle en produisant une flamme bleue & verte, sans odeur, d'où sortent des flocons blancs, connus sous les noms de pompholix, de *lana philosophica* ; c'est une chaux de zinc.

Le zinc est après le fer la substance métallique la plus commune ; la plûpart des mines de fer en contiennent. M. Grignon a démontré que la cadmie des fourneaux, où l'on traite les mines de fer , contenoit une grande quantité de zinc ; j'ai prouvé dans un Mémoire que j'ai lû à l'Academie , que la manganaife étoit une mine de zinc.

Parmi les fubftances métalliques, il n'y a que l'arfenic & le zinc qui s'enflamment lorfqu'ils font expofés à un grand feu ; le zinc y perd prefque tout fon phlogiftique ; fa chaux eft difficile à reduire à caufe de la facilité avec laquelle il fe fublime , lorf- qu'il eft fous forme métallique ; pour y parvenir , il faut la diftiller avec de la pou- dre de charbon , dans des vaiffeaux fermés; la chaux de zinc ne fe vitrifie que lorfqu'elle eft mêlée avec des fubftances propres à faire du verre ; elle lui donne différentes cou- leurs ; fuivant la quantité de chaux qu'on y a introduite , le verre eft , ou jaunâtre, ou d'un verd clair.

Le zinc eft diffoluble dans tous les acides ; l'acide vitriolique étendu d'eau, & l'acide marin , en dégagent des vapeurs inflamma- bles , femblables à celles qui fe dégagent de la limaille de fer ; par le moyen de ces mêmes acides, l'odeur de ces vapeurs & l'odeur qu'elles produifent après avoir été enflammées , mérite d'être examinée par le rapport qu'elles ont avec le fluide électrique; c'eſt à l'émanation de vapeurs ſemblables que ſont dues les moufettes.

De l'union des acides avec le zinc réſultent des ſels neutres différens par leurs propriétés.

L'acide vitriolique uni avec le zinc forme le vitriol blanc, les criſtaux de ce ſel repréſentent des priſmes à quatre pans applatis, terminés par une pyramide hexahedre tronquée.

L'acide marin combiné avec le zinc forme un ſel neutre déliqueſcent; j'ai diſtillé une partie de chaux de zinc avec deux de ſel ammoniac, & j'ai obtenu un beurre de zinc gris, demi-tranſparent, déliqueſcent & cauſtique.

Le vinaigre diſſout auſſi le zinc, & produit un ſel neutre blanc, tranſparent & ſtiptique.

Zinc minéraliſé par le ſoufre, BLENDE.

Le mot blende indique, dans le langage des Mineurs, une ſubſtance qui aveugle, ou qui trompe; j'ai reconnu que la blende étoit compoſée de zinc, de cobalt, de ſou-

fre , de fer & de terre abſorbante ; cette
ſubſtance eſt très-commune ; on en trouve
dans preſque toutes les mines de plomb,
elle y eſt eſtimée de bon augure par les
Mineurs ; on en rencontre une grande quantité dans les mines d'or & d'argent de
Cremnitz & de Schemnitz.

Le ſoufre dans la blende eſt uni au zinc
par le moyen de la terre abſorbante ; il y eſt
ſous forme de foie de ſoufre.

La couleur, la tranſparence & la figure
des blendes varient beaucoup ; il y en a de
brunes, de jaunes, de rougeâtres, de griſes & de noires, de demi-tranſparentes &
d'opaques. La couleur des blendes dépend
de la quantité de fer qu'elles contiennent ;
celle du ſoufre & du zinc m'a paru être
toujours à peu près égale , de même que
celle du cobalt.

Les criſtaux de blende ſont cubiques ,
quelquefois octahedres, ou octahedres tronqués.

La plûpart des blendes jaunes ſont phoſphoriques ; en les frottant légérement avec
du fer, elles donnent des étincelles ; celles
qui ne ſont point phoſphoriques par le frottement donnent des étincelles lorſqu'on les
frappe avec le briquet.

Lorsqu'on réduit en poudre de la blende dans un mortier de fer, il s'en dégage une odeur de foie de soufre décomposé, le lapis produit le même effet. La blende réduite en poudre est en partie attirable par l'aimant ; les acides en dégagent une odeur de foie de soufre décomposé. L'eau régale m'a paru être le dissolvant du zinc contenu dans la blende ; lorsqu'on en verse dessus, il se fait une forte effervescence, accompagnée d'une chaleur considérable ; il s'éleve du fond du verre une matiere spongieuse, molle & jaunâtre, elle reste à la surface de la dissolution ; si on la met dans de l'eau distillée, elle se précipite au fond ; cette matiere desséchée devient fragile, elle contient du soufre & un peu de zinc.

Si l'on distille une partie de blende avec deux de sel ammoniac, il se dégage d'abord une odeur fétide d'œufs couvis & quelques gouttes d'alkali volatil, qui ne fait point effervescence avec les acides ; ensuite il se sublime dans le col de la cornue du sel ammoniac jaunâtre & déliquescent ; le résidu est noir ; il ne diffère de la manganaise que par une petite quantité de soufre qu'il contient ; si on le fond avec des matieres propres à former du verre, il lui donne une belle couleur violette ; c'eſt une des propriétés de la manganaiſe.

Toutes les eſpeces de blendes décompoſées par l'intermede du ſel ammoniac m'ont fourni un réſidu noir dont les propriétés ſont ſemblables à celles de la manganaiſe. La manganaiſe ſeroit-elle une blende décompoſée ? Je le ſoupçonne. Cette matiere ſinguliere ſe trouve ſouvent dans les mines de pierre calaminaire.

J'ai reconnu, par les expériences que j'ai faites ſur les blendes, qu'elles contiennent par quintal,

Zinc.	40 livres.
Soufre.	24
Cobalt	20
Fer.	6
Terre abſorbante.	10
	100

Les blendes brunes m'ont paru contenir plus de fer que les jaunes.

Zinc minéralisé par l'acide marin, MANGANAISE.

Il est difficile de caractériser la manganaise, elle varie par la couleur & la dureté, suivant le pays d'où on la retire ; il y en a qui perd son brillant & sa solidité, après avoir été exposée à l'air quelque temps, & dont la superficie se couvre d'une efflorescence noire ; j'ai reconnu que les différentes especes de manganaises contiennent du zinc, du cobalt, du plomb & de l'acide marin ; quelquefois, mais rarement, du fer, & du cuivre. Il y a des especes de manganaise qui contiennent seize livres d'acide marin par quintal ; pour le retirer il suffit de la distiller au fourneau de reverbere dans une cornue, & y adapter un récipient enduit d'huile de tartre par défaillance, il s'obscurcit & l'intérieur se recouvre de cristaux de sel fébrifuge ; pendant cette distillation la manganaise perd de son poids & conserve sa couleur noire, elle est due à du cobalt uni à de l'acide marin ; si l'on distille de l'acide vitriolique avec de la manganaise, il se dégage de l'acide marin & de l'acide fulfureux volatil : le réfidu eft blanc ; par la leffive , il produit du vitriol de zinc , mêlé d'un peu de cobalt.

L'acide vitriolique étendu d'eau, mis en digeftion fur de la manganaife réduite en poudre , prend une couleur violette.

PREMIERE ESPECE.

Manganaife criftallifée.

Elle eft grife & brillante comme l'acier, fes criftaux font des prifmes ftriés , elle n'eft point compacte, elle eft pefante & fragile ; il y en a dont les criftaux font quarrés & feuilletés.

La criftallifation réguliere de la manganaife repréfente un prifme rhomboïdal à quatre pans comprimés, ftriés & tronqués.

La manganaife criftallifée contient par quintal ,

Acide marin. . . . 7 livres.
Zinc. 80
Cobalt. 13
———
100

DEUXIEME

DEUXIEME ESPECE.

Manganaife de Piémont.

Elle differe de la précédente par la couleur & la dureté ; elle eft d'un gris d'ardoife & compofée de petits feuillets irréguliers, elle fait feu avec le briquet ; réduite en poudre, elle eft en partie attirable par l'aimant ; on trouve dans la fracture de quelques morceaux des veines de quartz blanc, & une efpece de manganaife feuilletée & rougeâtre ; il y en a d'autres où l'on ne remarque point de criftallifation , elle eft compacte & d'un gris foncé ; on trouve dans l'intérieur des points gris & brillans & fur leurs furfaces de l'ochre jaune ; il y a des manganaifes de Piémont recouvertes de pyrites cuivreufes.

Cette efpece de manganaife contient par quintal ,

Acide marin. . . .	10 livres.
Zinc.	70
Fer.	10
Cobalt.	10
	——
	100

M

TROISIEME ESPECE.

Manganaife du Comté de Sommerfet.

Elle eft noire & fragile, cellulaire, & compofée de mammelons, où l'on remarque différentes couches ; elle eft quelquefois entremêlée d'une terre calcaire blanche, ou d'un rouge pâle, & parfemée de petits criftaux de plomb blanc, tranfparens, & recouverts de malachite. Cette manganaife contient beaucoup plus d'acide marin que la précédente ; à un feu violent elle fe fond & produit un verre opaque & noirâtre.

Cette manganaife contient par quintal,

Acide marin... 16 livres.
Zinc......... 63
Plomb........ 12
Cobalt........ 9
————
100

Le plomb qu'elle contient eft fous forme de chaux, puifqu'il eft foluble dans le vinaigre.

La plûpart des manganaifes noirciffent les mains.

Connoiffant la nature de la manganaife ;

on peut aifément expliquer comment fe produit la dépuration du verre ; la chaux de
zinc , que la manganaife contient , s'empare
du phlogiftique qui donnoit au verre une
couleur noire , ou verdâtre ; le zinc réduit
fe diffipe dans l'atmofphere ; la petite quantité de cobalt contenue daus la manganaife
donne au verre une nuance bleue , qui fert
à le faire paroître beaucoup plus blanc ;
lorfque la manganaife contient du plomb ,
telle que celle de Sommerfet , elle donne
plus de liaifon au verre & le rend plus pefant. Lors donc qu'on voudra faire un verre
femblable à celui d'Angleterre , il faudra
prendre une manganaife qui ne contiendra
point de fer , & ajouter de la chaux de
plomb dans la proportion de treize livres fur
quatre-vingt-fept livres de manganaife.

Zinc minéralifé par l'acide marin ,
PIERRE CALAMINAIRE.

On trouve de la pierre calaminaire , blanche , verte , rouge , & jaunâtre ; il y en a
de criftallifée , elle contient trente-quatre
livres d'acide marin par quintal ; elle contient prefque toujours du fer.

M ij

PREMIERE ESPECE.

Pierre calaminaire blanche , criſtalliſée en priſmes à ſix pans , terminés par des pyramides hexagones tronquées.

Ces criſtaux ſont tranſparens , & ſe trouvent dans le Comté de Nottingham ; on y trouve auſſi une pierre calaminaire blanche & opaque , qui paroît ſillonnée , comme un bois vermoulu , dont les ſillons ſont remplis d'une terre martiale brunâtre.

DEUXIEME ESPECE.

Pierre calaminaire verte , criſtalliſée en pyramides.

Le nombre des pans de la pyramide varie beaucoup ; il y en a qui ont trois, quatre , cinq & ſix pans ; ces criſtaux ſont ſouvent creux dans leur intérieur , & doivent leur forme à du ſpath calcaire décompoſé ; on trouve quelquefois de ces criſtaux qui ne ſont pas détruits dans de la pierre calaminaire brunâtre à ſa ſurface ; cette couleur eſt due à du fer ſpathique décompoſé.

Cette pierre calaminaire ſe trouve dans le Comté de Sommerſet, elle produit des étincelles lorſqu'on la frappe avec le briquet, elle eſt ſoluble dans les acides avec leſquels elle fait efferveſcence, quoiqu'elle ſoit minéraliſée par l'acide marin.

La grandeur des criſtaux de la pierre calaminaire varie, il y en a qui n'ont pas plus de deux lignes de diametre vers leur baſe ſur une ligne & demie de hauteur; on en trouve d'autres dont le diametre de leurs baſes a deux pouces, ſur trois de haut; ces grands criſtaux ſont creux dans l'intérieur qui eſt cellulaire, l'extérieur paroît poreux & compoſé de petits mammelons. J'ai de ces criſtaux qui repréſentent deux pyramides à ſix pans unies par leurs baſes, leur intérieur eſt creux & cellulaire.

La pierre calaminaire du Comté de Sommerſet ſe trouve ordinairement en maſſes irrégulieres & formées de couches poſées les unes ſur les autres. Ces différentes eſpeces de pierres calaminaires ſont ſolubles dans le acides, celles du Comté de Nottingham ne le ſont pas.

TROISIEME ESPECE.

Pierre calaminaire rouge.

Elle eſt compacte, fait feu avec le briquet & a la couleur du crayon rouge ; on la trouve dans le Comté de Sommerſet.

Outre l'acide marin, la pierre calaminaire contient une matiere graſſe, ſemblable à celle qui eſt contenue dans toutes les ſubſtances métalliques, minéraliſées par l'acide marin, ce qui rend ces ſels inſolubles dans l'eau ; le fer ſpathique fait connoître la préſence de cette matiere graſſe, puiſqu'il ſe réduit ſans addition dans les vaiſſeaux fermés.

VITRIOL DE ZINC.

Ce ſel ſe trouve ſous forme de ſtalactites attachées aux parois des galleries des mines, elles ſont tranſparentes & opaques ; quelquefois elles contiennent du cuivre, du plomb & du fer ; le vitriol blanc du commerce, contient du zinc, du fer & du plomb.

TUTHIE.

Le zinc réduit en fleurs, s'attache aux

parois des fourneaux des Fondeurs ; à l'aide des cendres & d'un feu violent , elles forment un enduit folide à demi vitrifié , il eft gris & poreux ; on le nomme cadmie des fourneaux , ou tuthie.

Le zinc ou fes mines fondues en différentes proportions avec du cuivre , forme un mélange métallique jaune , nommé fimilor , tombac , ou métal du Prince Robert.

BISMUTH.

Ce demi-métal eft d'un blanc jaunâtre , quelquefois chatoyant dans fa fracture ; il paroît compofé de feuillets ou de lames pofées les unes fur les autres ; il eft fragile , & fe réduit aifément en poudre.

Le bifmuth fe trouve dans la terre minéralifé par le foufre ou par l'arfenic ; dans ces deux efpeces de mines , il y a toujours une partie de bifmuth fous forme métallique , il fe décele d'une maniere fiuguliere ; lorfqu'on échauffe promptement un morceau de ces mines , en le mettant dans un creufet rougi , on entend un bruit femblable à celui que produit la friture ; en même temps fans qu'il fe dégage aucune

odeur, le bifmuth fort du morceau de mine par gouttes ; fi l'on remet le creufet au
feu, le foufre ou l'arfenic qui fervent à minéralifer le bifmuth fe dégagent ; pendant
ce temps le bifmuth eft lui-même changé
en chaux & fe vitrifie.

Le bifmuth expofé au feu, fe fond ; fa
furface fe couvre d'une chaux grife ; à l'aide
d'un feu plus violent, il bout, la chaux qui
fe forme fe vitrifie, le verre eft rejetté vers
les bords du creufet ; pendant ce temps il fe
dégage une fumée jaune, fans odeur & affez
abondante ; fi l'on a fondu dans une coupelle du bifmuth, on s'apperçoit mieux de
ce que j'avance ; fi l'on continue le feu affez
long-temps pour réduire en verre la quantité de bifmuth qu'on y a mis, il eft abforbé
par la coupelle qui prend une couleur jaune
femblable à celle où l'on a paffé du plomb
pur ; cette couleur jaune eft occafionnée
par la terre abforbante ; la chaux de bifmuth
fondue dans un creufet produit un verre
rougeâtre & tranfparent ; ce verre eft beaucoup moins pefant que le bifmuth fous forme métallique, puifque fi la quantité de
bifmuth qu'on a employée ne s'eft point entiérement vitrifiée, on trouve au milieu du

verre , au fond du creufet, du régule de bifmuth.

Le bifmuth eft foluble dans tous les acides ; l'acide vitriolique uni avec ce demi-métal forme un fel neutre, prefque infoluble , connu fous le nom de vitriol de bifmuth.

L'acide nitreux diffout très-aifément le bifmuth; les criftaux de ce fel font blancs & tranfparens , ils répréfentent des prifmes à quatre pans , terminés par deux pyramides triangulaires applaties; deux des plans font des trapezes , le troifiéme un rhombe ; ce prifme eft un peu déprimé, il a deux pans larges & deux étroits. Ce fel fe décompofe à l'air ; fi l'on étend d'eau fa diffolution , elle fe décompofe, le bifmuth fe précipite fous la forme d'une poudre blanche.

Si l'on diftille deux parties de fel ammoniac avec une de chaux de bifmuth , on obtient un beurre blanc, feuilleté, tranfparent , déliquefcent & à peu près femblable pour le goût au fel de faturne.

Les foies de foufre noirciffent les diffolutions de bifmuth , comme celles de plomb ; cet effet fe produit par une double décompofition , l'acide s'unit à la bafe alkaline,

& le soufre se combine avec la terre métallique.

PREMIERE ESPECE.

Bismuth vierge.

Ce demi-métal se trouve sous forme métallique, dans la plûpart de ses mines; pour le faire paroître il suffit de chauffer le morceau de mine, dans le même temps on entend un petit bruit approchant de celui du sel marin qui décrépite, & presque aussi-tôt le morceau se couvre de globules métalliques blanches & brillantes; le morceau réfroidi, les globules prennent une couleur grisâtre.

DEUXIEME ESPECE.

Bismuth minéralisé par le soufre.

Cette mine differe par ses couleurs; il y en a qui est grise & striée comme l'antimoine, d'autres d'un gris rougeâtre & chatoyant; dans ces mines il y a une partie de bismuth minéralisé, l'autre est sous forme métallique; lorsqu'on les expose au feu le bismuth vierge se sépare, ensuite le soufre se brûle ; les mines de bismuth sulfurées contiennent beaucoup moins de cobalt que celles qui sont arsenicales : la couleur de ces deux especes de mines est souvent la même , & il faut avoir recours à l'essai pour la décrire.

TROISIEME ESPECE.

Bismuth minéralisé par l'arsenic.

Il varie beaucoup par la couleur , il y en a qui est blanc comme de l'argent , & qui a pour gangue du jaspe rouge ; cette mine y est distribuée de maniere qu'elle représente souvent des dendrites.

On trouve des mines de bismuth, disposées par lames ou feuillets , & qui chatoyent en verd & en rouge ; ces mines paroissent grises & brillantes dans leurs fractures.

On trouve du bismuth dans la plûpart des mines de cobalt arsenicales , celles qui sont minéralisées par l'acide marin ou l'acide vitriolique n'en contiennent point.

Le bismuth peut servir à coupeller les métaux , de même que le plomb ; pendant cette opération il se dissipe un quart du

bismuth qu'on a employé, le reste est ab-
sorbé par la coupelle.

A N T I M O I N E.

Ce demi-métal est blanc & brillant à peu
près comme l'argent ; il est fragile & paroît
dans sa fracture composé de feuillets irréguliers, dont la grandeur varie suivant
l'espace de temps que le régule a été à se
réfroidir ; on trouve quelquefois à sa surface
une étoile.

Par la calcination le régule d'antimoine
se réduit en une chaux grise qui se vitrifie
au feu & produit un verre rougeâtre, transf-
parent & sonore ; ce verre tenu en fusion
se dissipe entiérement sous la forme d'une
fumée blanche inodore ; cette chaux volatile est connue sous le nom de fleur ou
neige d'antimoine ; le régule tenu en fusion
se dissipe de même, mais beaucoup plus
promptement.

Pour retirer le régule de la mine d'antimoine, on peut employer les substances
métalliques qui ont plus de rapport avec le
soufre, que l'antimoine ; mais le régule
qu'on obtient, retient toujours une partie

de la fubftance métallique qu'on a employée pour le féparer du foufre ; c'eft par le moyen du flux noir qu'on obtient le régule le plus pur.

Le régule d'antimoine eft foluble dans prefque tous les acides, mais l'eau régale paroît être fon diffolvant ; c'eft même le moyen qu'on peut employer pour déterminer la quantité de foufre que la mine d'antimoine contient, le foufre fe précipite au fond de la diffolution ; cette expérience indique encore que dans la mine d'antimoine, ce demi-métal y eft fous forme de régule.

L'acide vitriolique n'a point d'action fur l'antimoine, à moins qu'il n'ait été diffous dans l'eau régale ; l'acide nitreux verfé fur ce demi-métal, réduit en poudre, ne fait point effervefcence & en réduit une partie en chaux.

L'acide marin concentré diftillé avec le régule d'antimoine le diffout & forme un fel volatil & déliquefcent, connu fous le nom de beurre d'antimoine.

Le tartre diffout le régule, la chaux & le verre d'antimoine ; le fel neutre qui en réfulte eft nommé émétique.

Le régule, la chaux, le foie & le verre d'antimoine font de très-violents vomitifs ; on ne peut appaifer leur effet que par le moyen du vinaigre.

La chaux d'antimoine entiérement dépouillée de phlogiftique eft blanche, on la nomme antimoine diaphorétique.

PREMIERE ESPECE.

Antimoine natif.

Il reffemble par fa couleur au régule qu'on retire de la mine d'antimoine par le moyen du flux noir ; il eft blanc comme l'argent, dans fa fracture il offre des facettes irrégulieres ; M. Swab eft le premier qui ait parlé de l'antimoine natif, en 1748. Il rapporte qu'il s'amalgame facilement avec le mercure, propriété que n'a point le régule d'antimoine artificiel.

DEUXIEME ESPECE.

Mine d'antimoine criftallifée.

Elle eft grife, brillante & minéralifée par le foufre ; fes criftaux font des prifmes ftriés & tronqués, ils n'ont pas plus de quatre lignes de long fur une demie-ligne de diametre , ils font ordinairement feparés ; il y a de ces criftaux qui font recouverts d'une efflorefcence jaune. J'ai vû des criftaux d'antimoine compofés de prifmes hexagones , dont deux des plans font larges & terminés par deux pyramides à quatre pans , dont les plans font des trapezes.

TROISIEME ESPECE.

Mine d'antimoine ftriée.

Cette mine eft compofée de ftries ou filets parallelles , affemblés confufément & fans interftices ; ces ftries varient finguliérement par leurs groffeurs.

QUATRIEME ESPECE.

Mine d'antimoine écailleufe.

Elle reffemble à la mine de plomb à petites facettes ; les parties dont elle eft formée , n'ont point de figure déterminée ; lorfqu'on l'expofe au feu , elle fe fond fur le champ.

CINQUIEME ESPECE.

Mine d'antimoine rouge striée.

Elle ne differe des précédentes que par la couleur, elle eſt également minéraliſée par le ſoufre ; dans le même grouppe de criſtaux on en trouve dont la moitié eſt rougeâtre & l'autre griſe.

Le régule d'antimoine eſt employé dans la compoſition des caraƈteres d'imprimerie.

DES MÉTAUX.

Les métaux different des demi-métaux par leur duƈtilité , leur couleur & leur odeur ; il y en a qui ſe volatiliſent en partie par la fuſion , d'autres criſtalliſent par le réfroidiſſement ; les métaux ſe trouvent ſouvent mêlés les uns avec les autres & quelquefois confondus avec les demi-métaux. On trouve du fer dans preſque toutes les mines ; ce métal ſert d'intermede pour la minéraliſation de l'or , par le ſoufre & l'arſenic.

FER.

FER.

Ce métal eft d'un gris brillant dans fa fracture, il rougit aifément au feu, il s'y fond très-difficilement & n'acquiert jamais la fluidité des autres métaux; quand on le chauffe fortement il pétille & perd une portion de fon phlogiftique, fa furface s'exfolie & prend une couleur rougeâtre.

Le fer eft foluble dans tous les acides avec lefquels il forme des fels neutres, différents par leurs couleurs, leur faveur & leur criftallifation.

Le fer eft la plus commune des fubftances métalliques; c'eft la feule qu'on puiffe prendre intérieurement fans danger, on le rencontre dans les productions des trois regnes, il fert de bafe à la terre végétale; il donne la couleur aux plantes, il fe trouve dans les parties colorées des animaux.

Le fer a des propriétés différentes des autres métaux, par lefquelles on peut aifément le diftinguer; lorfqu'il eft fous forme métallique, il eft attirable par l'aimant; expofé à l'air dans la direction du Nord au Sud, il reçoit les propriétés magnétiques ; c'eſt le ſeul des métaux qui donne des étincelles , lorſqu'on le frappe.

La qualité du fer varie ſuivant la mine dont on l'a retiré , il eſt ſouvent compoſé de facettes aſſez larges ; celui qui paroît, dans ſa fracture , compoſé de petits grains, eſt préférable ; on peut changer la forme des parties dont le fer eſt compoſé , par le moyen de la cémentation ; alors on le nom-me acier ; dans cette opération le fer eſt attaqué par l'acide marin qui ſe dégage du cément ; les mines de fer ſpathiques ſont nommées mines d'acier , parce qu'elles pro-duiſent, par la fuſion , un fer préférable à celui des autres mines , & qui a le grain de l'acier. Si l'on examine la compoſition des céments , on reconnoîtra qu'ils contiennent toujours des matieres propres à produire de l'acide marin ; lorſque le cément eſt échauffé, l'acide marin très-concentré pénetre le fer & s'y unit , les molécules de ce métal per-dent alors leur forme : par la violence du feu , l'acide marin eſt dégagé du fer ; les molécules de ce métal qui ont été très-di-viſées par cet acide , reprennent du phlo-giſtique des charbons : c'eſt par cette raiſon que l'acier paroît dans ſa fracture compoſé de parties plus fines que le fer qu'on a employé.

Le fer & l'acier acquierent de la dureté & augmentent de volume par la trempe. La chaux de fer prend différentes couleurs, suivant la maniere dont on l'a obtenue; on la nomme safran de mars ou rouille; il y en a de jaune & de brune ; ces chaux calcinées deviennent rouges ; si on les expose à un feu de réverbere , elles reprennent du phlogistique , deviennent noires & attirables par l'aimant.

La terre martiale unie avec l'acide phosphorique & une matiere grasse prend une belle couleur bleue ; cette production de l'art , nommée bleu de Prusse , est insoluble dans les acides.

On peut aisément reconnoître les substances qui contiennent du fer par les expériences suivantes.

Si le fer est tenu en dissolution dans de l'eau , il faut la rapprocher par l'évaporation, ensuite verser dedans de la décoction de noix de galle ; sur le champ elle prend une belle couleur bleue , & il se forme de l'encre, s'il y a beaucoup de fer.

Pour déterminer si une substance minérale contient du fer, il faut la diſtiller avec huit parties de ſel ammoniac ; ce ſel ſe ſublime, enleve le fer & ſe colore en jaune ; on peut enſuite ſéparer le fer du ſel ammoniac, en le diſſolvant dans de l'eau & en y verſant de l'alkali fixe.

Pour retirer le fer des mines on commence par les torréfier ; toutes les mines de fer, excepté celles qu'on nomme ſpathiques & l'aimant, ont beſoin de cette opération ; lorſqu'elles contiennent du ſoufre, la torréfaction le décompoſe ; ſi on n'y avoit point recours, le foie de ſoufre terreux qui réſulteroit de la caſtine & du ſoufre pendant la fonte, réduiroit en ſcories la plus grande partie du métal.

Les mines de fer terreuſes ont auſſi beſoin d'être torréfiées, parce qu'elles contiennent ordinairement une grande quantité de zinc qui rend volatil, pendant la fonte, une partie du fer.

Lorſque la mine de fer a été torréfiée, on la mêle avec des fondans pour accélérer la fuſion & la précipitation du métal ; c'eſt ordinairement la terre calcaire qu'on employe, on la nomme caſtine, elle ſe mêle par la fuſion avec l'alkali des charbons &

unc portion de fer avec lefquels elle forme un verre coloré , qu'on nomme lettier Le fer de la premiere fonte , qu'on nomme gueufe , retient ordinairement une quantité affez confidérable de lettier & de zinc , on les fépare par l'affinage ; dans cette feconde fufion le fer perd près d'un quart ; M. Grignon m'a dit que c'étoit du zinc qui fe diffipoit pendant cette opération.

Le fer eft le métal le plus élaftique ; le plus dur & le plus ductile ; il s'écrouit par un prompt réfroidiffement ; c'eft ce qu'on nomme trempe.   .

Le fer s'unit par la fufion avec la plûpart des métaux , il altere leur ductilité & leurs couleurs, excepté celles de l'étain ; le fer qui eft combiné avec ce métal fe nomme fer-blanc ; il eft plus ductile que le fer , il fe rouille de même que ce métal.

Le fer refifte à la coupelle ; la terre martiale facilite la vitrification de la terre calcaire & de la plûpart des pierres.

Le fer eft foluble dans tous les acides , fa diffolution offre différens phénomenes , ils dépendent tous du phlogiftique contenu dans ce métal & de la facilité avec laquelle il peut en être dégagé ; mais, fuivant la nature de l'acide qu'on employe, les effets varient.

L'acide vitriolique étendu de huit parties d'eau & verfé fur de la limaille de fer, la diffout avec la plus forte effervefcence ; il s'en dégage des vapeurs qui ont une odeur particuliere ; ces vapeurs font inflammables ; lorfqu'on veut reconnoître leurs propriétés, il ne faut en enflammer qu'une petite quantité ; dans le même inftant il fe produit un bruit très-fort, & il feroit fuivi d'une explofion violente, fi l'on avoit retenu une grande quantité de ces vapeurs ; elles reftent enflammées & produifent une flamme bleue, fans odeur, durant le tems de la diffolution du fer ; en réfroidiffant elle criftallife & produit du vitriol martial, les criftaux de ce fel font rhomboïdes, ils font verds & tranfparens, ils deviennent jaunes & opaques lorfqu'on les expofe à l'air ; ce fel doit fa couleur & fa tranfparence à l'eau de fa criftallifation ; il devient blanc, jaune ou rouge, fuivant le degré de chaleur qu'on a employé pour la lui enlever.

J'ai obtenu par l'évaporation infenfible d'une diffolution de vitriol martial un crif-

tal régulier, qui repréſente un priſme hexagone, terminé par une pyramide hexaèdre
tronquée, les plans de la pyramide ſont
alternativement triangulaires & hexagones,
le ſommet de la pyramide eſt triangulaire,
deux des triangles oppoſés ſont ſéparés des
plans hexagones, par un rectangle. Ce criſtal eſt compoſé de ſeize facettes.

L'acide nitreux, verſé ſur du fer, fait une
très-vive efferveſcence en s'uniſſant au phlo-
giſtique de ce métal, il ſe diſſipe en partie ſous forme de vapeurs rouges, qui ne
ſont point inflammables; le fer ſe trouve
au fond du vaiſſeau ſous forme d'une chaux
jaune.

L'acide marin diſſout le fer avec efferveſcence, & les vapeurs qu'il en dégage ſont
bien plus inflammables que celles de l'acide vitriolique; le ſel qui en réſulte eſt déliqueſcent.

Lorſqu'on combine avec le fer de l'acide
marin très-concentré, en ſublimant enſemble parties égales de ſel ammoniac & de
fer, on trouve au fond de la cornue une
maſſe ſaline blanche, feuilletée & compoſée
de petites lames quarrées tranſparentes; ce
ſel neutre eſt attirable par l'aimant; expoſé

à l'air, il devient brun & y tombe en déliquium.

Le fer ne peut point s'amalgamer avec le mercure.

PREMIERE ESPECE.

Fer vierge.

La plûpart des Minéralogiftes en parlent & difent qu'il eft ductile.

DEUXIEME ESPECE.

Mine de fer octahedre.

Elle eft grife, fa furface eft polie & fes criftaux composés de deux pyramides quadrilateres, unies par leurs bafes; ces criftaux
font attirables par l'aimant, & ne font point ductiles.

TROISIEME ESPECE.

Mine de fer noirâtre, à facettes brillantes.

Elle eft attirable par l'aimant, les facettes dont elle eft composée varient beaucoup
par leurs grandeurs, & font formées de
lames ou de feuillets irréguliers très-min-

ces; souvent les parties dont cette mine est composée ont la finesse de celles de l'acier.

QUATRIEME ESPECE.

Sable ferrugineux, noir.

Il est en partie attirable par l'aimant & composé de petits cristaux octahedres; on en trouve de cette espece dans les lits des fleuves & des rivieres.

CINQUIEME ESPECE.

Aimant.

Cette mine de fer est très-pure; elle perd au feu sa propriété, sans perdre de son poids.

L'aimant varie par sa couleur & sa cristallisation; celui qu'on trouve en Sibérie est gris, brillant & composé de feuillets quarrés; l'aimant de St. Domingue est brun & ordinairement composé de parties très-fines; on y remarque quelquefois des cristaux octahedres. Cette espece d'aimant reçoit par l'armure beaucoup plus de force que les autres.

L'aimant se trouve quelquefois mêlé avec

des terres de différentes efpeces & de différentes couleurs ; il y eft en petits grains
prefque ifolés, & qui ont tous la propriété
magnétique ; on donne à l'aimant l'épithete
de la couleur de la gangue dans laquelle il
fe trouve.

L'aimant & les mines de fer attirables
font celles qui produifent le plus de métal.

SIXIEME ESPECE.

Fer minéralifé par le foufre.

Il n'eft point attirable par l'aimant, quoiqu'il ait la couleur de l'acier & qu'il ne
contienne qu'une très-petite quantité de
foufre : on nomme cette mine fpéculaire,
lorfqu'elle eft compofée de facettes brillantes, qui font l'effet de miroir ; on en
trouve de cette efpece en Auvergne, dans
le Mont d'or ; j'en ai des lames qui ont
vingt lignes de long fur huit de large , &
une ligne d'épaiffeur ; les côtés font coupés
en bifeaux ; il y en a qui font compofés
de feuillets rhomboïdes pofés les uns fur les
autres ; cette mine eft très-fragile & donne
des étincelles , lorfqu'on la frappe avec le
briquet.

SEPTIEME ESPECE.

Fer minéralifé par le foufre.

Cette mine differe de la précédente par fa criftallifation, elle reffemble au fpath lenticulaire, fes criftaux font compofés de deux pyramides obtufes triangulaires, jointes bafe à bafe ; la mine de fer de l'Ifle d'Elbe eft de cette efpece ; on trouve dans la fracture de plufieurs de ces morceaux une terre blanche, ftriée, mêlée de fer, femblable à celle que M. Grignon a rencontrée dans des morceaux de fonte mêlés de lettier.

La criftallifation de la mine de fer de l'Ifle d'Elbe varie ; il y en a qui repréfente des cubes rectangles, dont les faces oppofées font tronquées de biais alternativement.

HUITIEME ESPECE.

Mine de fer micacée, EISENMAN.

Elle eft grife, brillante & compofée de petits feuillets très-minces, qui n'ont que peu d'adhérence & qui la perdent par le moindre frottement ; de forte que cette

mine paroît alors semblable à du mica ; le
fer qu'elle contient est minéralisé par le
soufre, elle est très-riche.

NEUVIEME ESPECE.

Pyrite martiale.

On donne ce nom à une mine de fer qui
se trouve en morceaux isolés dans différentes especes de terre ; les pyrites martiales sont ordinairement striées dans leur intérieur qui est jaunâtre & brillant : leurs
surfaces varient par la couleur. On en trouve d'un jaune pâle, de brunes & de grisâtres, mêlées de points jaunes & brillans.

Les pyrites martiales font feu avec le briquet ; elles sont composées de fer, de soufre, & d'un peu de terre calcaire ou alumi-
neuse ; la quantité de soufre qu'elles contiennent varie beaucoup ; elles affectent diverses formes : on en trouve de rondes,
d'oblongues, d'autres rassemblées en grap-
pes, quelquefois elles sont par couches ou
lames.

Les pyrites martiales d'un jaune pâle dans

leur intérieur , font ordinairement criftallifées en rayons qui partent d'un centre
commun ; leur furface eft compofée de
pyramides à quatre pans tronqués , elles
contiennent près de trente livres de foufre
par quintal ; ces pyrites réduites en poudre dans un mortier de porphyre , font en
partie attirables par l'aimant, ce qui fait
connoître que dans cette mine le foufre
n'eft point combiné avec le fer , comme
dans les mines fpéculaires ; c'eft ce qui eft
caufe de la facilité avec laquelle elles tombent en efflorefcence : l'eau devient l'intermede de leur décompofition , il faut qu'elle
foit dans la proportion de plus d'un tiers ,
ce que j'ai reconnu par l'analyfe d'une terre
noire qui s'enflammoit lorfqu'elle étoit expofée en tas à l'air libre ; cette terre fe trouve à Beaurin , à une lieue de Noyon. Le
lit a quatre pieds & demi , & eft à vingt
pieds de profondeur. Cette terre noire eft
un amas de petites pyrites martiales ; elles
contiennent près de moitié de leur poids
d'eau ; elles doivent leurs couleurs à une
petite portion de bitume. Un mélange de
parties égales de foufre & de fer , & deux

parties d'eau produit le même phénomene ;
il s'en dégage d'abord une odeur de foie de
foufre décompofé , enfuite il s'échauffe &
s'enflamme , le réfidu eft rougeâtre & produit par quintal vingt livres de vitriol
martial.

Lorfque les pyrites martiales fe décom-
pofent fans s'enflammer , ce qui arrive toujours par le moyen de l'eau , elles produifent une bien plus grande quantité de vitriol ;
elles paroiffent couvertes de petits criftaux
blanchâtres & ftriés , qu'on nomme efflorefcence ; elle jaunit fouvent à l'air, à l'aide du tems & de l'eau. Les pyrites fe décompofent entiérement & fe changent en
vitriol qui criftallife en ftries paralleles ; il
paroît foyeux & opaque ; on le nomme
improprement alun de plume ; fi on le diffout dans l'eau , il produit par l'évaporation de beaux criftaux verds tranfparens
& rhomboïdes ; à l'air ils perdent leurs
couleurs & leur tranfparence en perdant
l'eau de leur criftallifation ; le vitriol fe
trouve fouvent dans les mines fous forme
de ftalactites. On en trouve auffi dans la
plûpart des eaux minérales ; ces eaux ne

tardent point à se décomposer, suivant la nature des substances sur lesquelles elles passent : elles produisent de nouveaux sels, le sel de Glauber ou d'Epsom, qu'on rencontre dans l'eau de plusieurs fontaines, est produit par la décomposition du sel gemme, par le moyen du vitriol martial ; l'acide marin du sel gemme s'unissant avec la terre martiale, a servi à former le fer spathique.

Les madrépores, les oursins, les coquilles & les autres corps marins changés en fer, & les dépôts par couche de terre martiale qu'on rencontre dans plusieurs endroits, ont été formés par la décomposition du vitriol martial par le moyen de la terre calcaire, de même que les mines de fer en grains, & d'autres formées par couche, comme les pierres d'aigle : ces dernieres contiennent dans leur intérieur qui est creux, ou du sable ou de la terre martiale, d'où provient le bruit qu'on entend lorsqu'on secoue une de ces pierres.

La terre martiale séparée sans intermede d'une dissolution de vitriol, prend une couleur jaune ; on la nomme ochre. Si on la calcine, elle devient rouge. Le bol d'Ar-

ménie & le crayon rouge, font des argilles colorées par une ochre de cette efpece.

DIXIEME ESPECE.

Hématite.

L'ochre martiale qui a éprouvé l'action
du feu eft très-divifée ; chariée par l'eau &
dépofée dans des cavités , elle prend des
formes différentes & affecte toutes celles
qu'on reconnoît aux ftalactites & ftalagmites ; on nomme ces dépôts hématites; il y
en a de très-dures & d'autres fragiles ; quelques-unes paroiffent compofées de filets difpofés en rayons qui partent du même centre, d'autres font formées par couches : toutes les hématites ne font point rouges ; il y
en a de brunes & de noirâtres ; toutes ces
efpeces produifent un excellent fer & n'ont
pas befoin de torréfaction.

Il y a une hématite très - dure dont on
fait des petits inftrumens , qu'on employe
pour polir ; on les nomme bruniffoirs.

ONZIEME

ONZIEME ESPECE.

Mine de fer rouge micacée, EISENRAM.

Elle est composée de feuillets rouges & brillants, elle paroît avoir été formée par couche ; cette mine produit un très-bon fer.

DOUZIEME ESPECE.

Mine de fer spathique, fer minéralisé par l'acide marin.

Le fer attirable par l'aimant est très-commun ; on en trouve en grande quantité en Suede, en Sibérie & dans plusieurs autres contrées ; mais le fer minéralisé par l'acide marin l'est beaucoup plus, on en rencontre presque par-tout ; les Minéralogistes lui ont donné le nom de fer spathique, parce qu'à l'extérieur il ressemble à du spath ; les expériences que j'ai faites sur cette espece de mine m'ont fait connoître qu'elle étoit composée d'acide marin, de fer & d'une matiere grasse qui rendoit ce sel neutre insoluble.

La cristallisation des mines de fer spathiques varie ; il y en a qui sont en crêtes arrondies, blanches & brillantes, disposées irrégulierement , elles ont quelquefois sept lignes de diametre , les bords sont amincis; ces cristaux sont renflés dans le milieu comme une lentille , ils sont composés d'un amas de petits feuillets quarrés & transparens.

Quoique toutes les mines de fer spathiques soient formées d'acide marin & de fer, elles varient par leurs couleurs & leurs formes ; celle de Baigorri en Basse-Navarre est blanche , elle se trouve avec la mine d'argent grise & de la pyrite cuivreuse. La mine de fer spathique de Bendorf, dans l'Electorat de Treves, est rouge ; celle de Dauphiné &. des Pyrénées est blanchâtre , quelquefois jaune & souvent brune ; ces cristaux sont rhomboïdes.

La mine de fer spathique de Sibérie est cubique, brune & striée , elle est exploitée pour l'or qu'elle contient ; on trouve à Mont-Bar en Bourgogne , une mine de fer semblable à celle de Sibérie ; les cubes sont un peu plus petits & également striés sur leurs faces, elle ne contient point d'or. Ces deux especes de mines contiennent beaucoup moins d'acide marin que le fer spathique blanc, puisqu'elles n'en produisent que

quinze livres par quintal , tandis que les autres en produifent trente-cinq : la mine de
fer fpathique blanche devient brune du
côté où elle a été expofée à l'air & à la
pluie , tandis que l'autre refte blanc ; le
côté qui a changé de couleur eft moins dur
que celui qui eft blanc.

La mine de fer fpathique blanche donne
des étincelles lorfqu'on la frappe avec le
briquet , elle ne fait point effervefcence
avec les acides ; expofée au feu, elle décrépite , devient noire & attirable par l'aimant ;
durant cette calcination elle perd trente-
cinq livres d'acide marin par quintal : pour le
retirer il faut diftiller dans une cornue , au
fourneau de réverbere , des quintaux fictifs
de cette mine , adapter à la cornue un récipient enduit d'huile de tartre par défaillance ; l'acide marin dégagé du fer , par le
moyen du feu, fe combine avec l'alkali fixe,
& les parois du récipient fe trouvent après
la diftillation couverts de criftaux cubiques ;
ce qui refte dans la cornue eft noir & attirable par l'aimant ; en le pefant on reconnoît
la quantité d'acide marin que contenoit la
mine de fer fpathique qu'on a employé.

On peut faire artificiellement du fer fpathique, en diftillant dans une cornue, au fourneau de réverbere, un mélange de deux parties de fel ammoniac & d'une de fer ; le réfidu de cette diftillation eft blanchâtre, feuilleté & plus attirable par l'aimant que le fer ; expofé à l'air il augmente de volume & devient brun ; fi on le met dans un endroit humide, il y tombe en deliquium.

Les mines de fer fpathiques font après l'aimant les plus aifées à exploiter, elles n'ont pas befoin d'être torréfiées ; mais par une erreur accréditée on les torréfie encore dans plufieurs endroits ; cette opération ne doit être employée que lorfque la mine contient de la pyrite.

TREIZIEME ESPECE.

Mine de fer noirâtre, cellulaire & très-légere.

Elle reffemble par fa légereré à l'efpece de charbon que produit l'huile de gayac , lorfqu'on l'a enflammée par le moyen de l'efprit de nitre fumant ; elle contient du cobalt.

On trouve du fer , mais en petite quantité dans les blendes , les mines de cobalt & d'arfenic , les mines d'étain & de cuivre, celles d'or & d'argent rouge, dans les granits, les bafaltes, le lapis, l'émeril, le zinopel, &c.

Pour déterminer la quantité de métal que contenoient les différentes efpeces de mines dont je viens de parler, j'ai employé un flux compofé de parties égales de chaux éteinte & de quartz, mêlé d'un huitiéme de charbon ; * j'ai mis ces mélanges dans des creufets brafqués, & après les avoir tenus à un feu très-violent pendant une demie-heure, j'ai trouvé au fond les culots de fer, ils étoient recouverts d'un verre verdâtre.

Table du produit des différentes. efpeces de mines de fer par le flux précédent.

Un quintal a produit.

Aimant.	75 livres.
Eifenman.	50
Pyrites martiales. . . .	40
Ochre jaune.	48
Hématite.	54
Fer fpathique.	39
Fer fpeculaire.	50

Dans les réductions j'employe deux parties de flux contre une de mine.

Ces effais demandent un feu très-confi-
dérable, il fe diffipe fouvent un peu de fer,
il y en a toujours une partie qui fe vitrifie
& qui fert à colorer le verre ; c'eft pourquoi
ils peuvent varier de quelques livres.

CUIVRE.

Le cuivre eft un métal fonore & très-
ductile, il a une odeur particuliere ; lorfqu'il eft pur il eft rougeâtre ; expofé au feu
il rougit avant de fe fondre ; lorfqu'il eft
fondu, il bout & fe réduit en une chaux
noirâtre ; expofée à un feu violent elle fe
vitrifie & produit un émail brun chatoyant.

Le cuivre ne peut point être granulé
comme les autres fubftances métalliques ;
fi l'on verfe dans de l'eau du cuivre en fufion, il fe fait une explofion terrible & très-
dangereufe.

Le cuivre expofé à l'air y perd fa couleur
& fe couvre d'une efflorefcence verte, cette
rouille eft connu fous le nom de verd-de-
gris ; c'eft une malachite infoluble dans
l'eau ; les Statues & les Médailles antiques
en font recouvertes, elle acquiert avec le
temps une fi grande dureté qu'elle réfifte

au burin ; cette malachite eſt ſoluble dans les acides : priſe intérieurement , de même que le cuivre ſous forme métallique ou de chaux , & les ſels qui réſultent de l'union de ce métal avec les acides ou les alkalis , elle occaſionne des vomiſſemens , des tranchées , & la mort même , ſi l'on n'a pas eu ſoin de faire prendre au malade du vinaigre.

Le cuivre ſe trouve minéraliſé par le ſoufre , l'alkali volatil & la matiere graſſe qui eſt produite par l'alkali volatil décompoſé ; on le trouve auſſi ſous forme métallique.

Les mines de cuivre ſulfureuſes ont beſoin d'être torréfiées pluſieurs fois avant d'être fondues , malgré ces précautions elles retiennent toujours du ſoufre ; il rend fragile & noire une partie du cuivre de la premiere fuſion , on la nomme matte ; pour lui enlever ce ſoufre il faut la tenir long-temps en fuſion. Si le cuivre contient de l'argent , on le fond avec du plomb & on le coule en tables ou pains de différentes grandeurs ; enſuite on le porte dans un fourneau fait exprès , dans lequel on fait un feu propre à fondre le plomb , qui entraîne avec lui

l'argent. Cette opération fe nomme liqua-
tion.

Le cuivre natif, la mine de cuivre azurée & la malachite, n'ont point befoin de
torréfaction ; elles ne contiennent point
d'argent.

Le cuivre eft foluble dans tous les acides
avec lefquels il forme des fels neutres : les
acides concentrés n'ont point d'action fur
ce métal.

L'acide vitriolique, combiné avec le cuivre, forme un fel neutre, nommé vitriol
bleu, vitriol de Chypre, ou couperofe ; ces
criftaux repréfentent des prifmes à huit pans
tronqués obliquement & offrent deux plans
à chaque extrêmité ; expofés à l'air ils deviennent verds.

Le nitre cuivreux eft bleu & déliquefcent ; l'acide marin combiné avec le cuivre,
forme un fel neutre, verd & déliquefcent.

L'acide du vinaigre combiné avec le cuivre, forme un fel neutre verd, nommé
verdet ou verd-de-gris, les criftaux de ce
fel font rhomboïdes.

Le cuivre eft la feule des fubftances métalliques qui foit foluble dans l'alkali vola-

til & qui produi fe avec e menftrue un fel fufceptible de criftallifer ; ces criftaux font du plus beau bleu d'azur.

Le cuivre s'unit par la fufion avec la plûpart des métaux , il n'altere point leur ductilité ; ce métal fondu en certaines proportions , avec du zinc , perd fa couleur rouge & devient jaune ; ce mélange métallique eft moins ductile que le cuivre ; on le nomme laiton, pinchbeck, fimilor, cuivre jaune.

L'arfenic fondu avec le cuivre produit un mélange métallique blanc & fragile , il eft bien plus dangereux que le cuivre , il fe décompofe plus aifément.

L'étain s'applique facilement à la furface du cuivre, il le défend de la rouille.

Le vernis gras , diffous dans l'huile de thérébentine , & enfuite appliqué à la furface du cuivre , qu'on a foin de chauffer pour accélérer le defféchement du vernis & lui donner une couleur brune, forme un enduit qui empêche que l'eau & les acides n'attaquent le cuivre ; c'eft ce même vernis qu'on applique à chaud à la furface du cuivre jaune & qui colore en brun les figures qu'on nomme bronze.

PREMIERE ESPECE.

Cuivre natif.

Il eft rougeâtre & ductile, il affecte différentes formes ; on en trouve en rameaux ou en épis, dans des filons de quartz ; il y en a dont les criftaux font rouges, fragiles & ftriés comme le cinabre.

Le cuivre natif fe trouve quelquefois avec de la terre martiale, en parties fi divifées, qu'il reffemble à un jafpe rougeâtre ; en frottant cette mine fur un caillou elle y laiffe une trace rouge, femblable à celle du cuivre.

M. Wallerius rapporte qu'il y a du cuivre vierge, criftallifé en cubes.

Toutes les mines de cuivre vierge expofées à l'air libre, s'y alterent ; leur furface fe couvre d'une efflorefcence bleue ou verte.

DEUXIEME ESPECE.

Mine de cuivre grife.

Sa couleur eft femblable à celle de la galene, j'ai vu des criftaux octahedres de cette efpece de mine, leur furface étoit recouverte de malachite.

La mine de cuivre grife contient par quintal vingt-cinq livres de foufre, trois livres d'arfenic, trente-fix livres de fer, trente-trois livres de cuivre, un marc deux onces d'argent.

Le régule qu'on obtient par la réduction de cette mine eft gris & fragile ; il contient du fer, du cuivre & de l'argent.

On fépare de cette mine le foufre & l'arfenic par la calcination, le fer par la fublimation avec le fel ammoniac, & l'argent par le moyen de la coupelle.

TROISIEME ESPECE.

Mine de Cuivre hépatique, ou couleur de foie.

Elle eft d'un brun rougeâtre & ne perd que quatre livres par quintal: pendant la calcination, elle devient noire, l'aimant en attire une partie. Par la réduction, j'ai obtenu par quintal un culot d'un mélange métallique, blanc & fragile, compofé de fer, de cuivre & d'argent, il pefoit quarante-deux livres ; le fer féparé par la fublimation avec le sel ammoniac, j'ai reconnu que cette mine contenoit trente livres de cuivre & un marc d'argent.

QUATRIEME ESPECE.

Mine de Cuivre jaune.

On en trouve de différentes nuances, elles sont quelquefois chatoyantes & recouvertes de malachite.

La mine de cuivre jaune contient du soufre, du fer & du cuivre ; par la réduction j'en ai retiré par quintal dix-neuf livres de cuivre rouge.

CINQUIEME ESPECE.

Pyrites cuivreuses.

Elles different de la mine de cuivre jaune en ce qu'elles se trouvent ordinairement en petites masses régulieres & séparées ; il y en a qui sont cristallisées en cubes, d'autres sont dodécahedres, & composées de douze plans pentagones. M. Delisle m'en a fait voir d'icosahedres, composées de vingt facettes triangulaires.

Toutes les pyrites cuivreuses sont brillantes & fpéculaires ; il y en a qui ne tombent point en efflorefcence à l'air ; on les nomme marcaffites ; les Bijoutiers les taillent & les montent comme les pierres fines dont elles ont le brillant.

Les Péruviens faifoient beaucoup de cas des pyrites de cette efpece, ils les poliffoient d'un côté, alors elles réfléchiffoient les objets comme des miroirs ; on en trouve dans les tombeaux des Incas.

Il y a des pyrites cuivreufes cubiques ; ftriées fur toutes leurs faces ; quelques-unes font recouvertes d'un enduit brun très-mince, dans leurs fractures elles font jaunes & brillantes. On remarque à la furface de quelques pyrites cuivreufes les couleurs les plus vives & les plus variées ; on trouve de ces pyrites trouées dans leur intérieur & qui paroiffent s'être formées comme les ftalactites.

Toutes les pyrites cuivreufes ne font point criftallifées régulierement, on en trouve où l'on ne diftingue point de forme, quelques-unes font feuilletées ; elles different de la mine de cuivre jaune, parce qu'elles contiennent toujours beaucoup plus de fer & de foufre ; par la calcination elles perdent trente-cinq livres par quintal ; la mine de cuivre jaune ne perd que neuf livres.

Les pyrites cuivreuses, à l'aide de l'eau, par l'intermede du fer qu'elles contiennent, tombent en efflorescence ; il en résulte un vitriol composé de fer & de cuivre ; l'eau qui le tient en dissolution est nommée eau cémentatoire ; on en trouve dans plusieurs endroits où il y a des mines de cuivre ; lorsqu'elle s'infiltre dans des cavités, elle produit des stalactites de vitriol bleuâtre.

L'eau cémentatoire se décompose lorsqu'elle rencontre ou des terres calcaires, ou du fer ; le cuivre qu'elle contient prend une couleur bleue, lorsque l'eau cémentatoire est décomposée par une terre calcaire ; si elle l'a été par du fer, sous forme métallique, le cuivre prend la forme du fer, & la couleur propre à ce premier métal.

Les substances osseuses décomposées par de l'eau cémentatoire, produisent les turquoises.

SIXIEME ESPECE.

Mine de Cuivre azurée transparente.

Cette mine eſt du plus beau bleu d'azur, on la trouve quelquefois criſtalliſée régulierement ; ces criſtaux repréſentent des priſmes à quatre pans comprimés, terminés à une extrêmité par une pyramide dihedre à plans triangulaires, l'autre eſt rhomboïde ; on trouve des criſtaux de cette eſpece ſtriés & rayónnés, ils ſont compoſés d'alkali volatil & de cuivre ; expoſés à l'air ils ſe décompoſent, deviennent cellulaires & verds.

On peut faire des criſtaux de cuivre azurés, ſemblables à ceux que je viens de décrire, en ſaturant de cuivre de l'alkali volatil dégagé du ſel ammoniac par l'alkali fixe ; cette diſſolution ſe fait ſans chaleur, ſans efferveſcence, & demande beaucoup de temps, elle eſt d'un bleu d'azur foncé ; lorſqu'elle eſt faite & qu'on la laiſſe évaporer inſenſiblement, il ſe dépoſe des criſtaux ſemblables aux précédens ; ils ſont formés d'alkali volatil & de cuivre. Si la diſſolution a été trop étendue d'eau, elle ſe

décompofe , le principe de l'odeur de l'alkali volatil fe dîffipe , la matiere graffe que
cet alkali contient , s'unit avec le cuivre &
forme un fel neutre verd , infoluble dans
l'eau , connu fous le nom de malachite ; le
principe de l'odeur de l'alkali volatil, en
s'uniffant avec l'acide vitriolique répandu
dans l'air, le fait paffer à l'état d'acide marin;
celui-ci rencontrant l'alkali fixe , qui fert
de bafe à l'alkali volatil, s'y unit & produit
du fel marin ; on remarque dans la plûpart
des cavités des mines de cuivre qui contiennent de la malachite , des criftaux de
plomb blanc , ils font formés d'acide marin
& de plomb.

SEPTIEME ESPÈCE.

Bleu de Montagne:

Il ne differe du cuivre azuré que par la
petiteffe & l'irrégularité de fes criftaux, ils
font fouvent mêlés de terre martiale & de
terre calcaire.

Toutes les efflorefcences cuivreufes bleues
contiehnent de l'alkali volatil, elles s'alterent à l'air & deviennent vertes.

HUITIEME

HUITIEME ESPECE.

Malachite.

Elle eft formée par une matiere graffe &
du cuivre, on en rencontre dans les différens pays où il y a des mines de ce métal ,
les plus belles viennent de Sibérie ; elles fe
trouvent ordinairement dans les cavités des
mines de cuivre , en morceaux protubéran-
cés de différentes grandeurs , elles prennent accroiffement comme les ftalactites &
les ftalagmites ; il y en a qui font formées
par couches de différens verds plus ou
moins foncés, celles qui font ftriées font
également vertes ; la malachite eft foluble
dans tous les acides, dans l'alkali volatil &
dans les matieres graffes ; le poli qu'elle
peut recevoir s'altéreroit en peu de temps ,
fi l'on n'avoit pas foin de vernir les bijoux
qu'on fait avec cette fubftance.

La malachite eft un fel neutre formé par
une matiere huileufe & du cuivre : fi on
la diftille elle produit de l'eau infipide ,
inodore & fans couleur ; dans cette opération elle perd la quatrieme partie de fon
poids & devient noire ; expofée à un feu

P

violent, elle forme un émail brun chatoyant; par la réduction j'en ai retiré soixan-
te-douze livres de cuivre par quintal.

NEUVIEME ESPECE.

Malachite striée & transparente.

Elle se trouve sous forme de petits cristaux striés, dans les cavités des mines de
cuivre.

DIXIEME ESPECE.

Mine de cuivre soyeuse de la Chine.

Elle ne diffère de la malachite, que parce
qu'elle est cellulaire; elle est formée par des
cristaux de cuivre azurés décomposés : ceux
qu'on prépare avec de l'alkali volatil & du
cuivre, en se décomposant, deviennent
verds & cellulaires.

Toutes ces especes de malachites m'ont
produit une égale quantité de cuivre, par la
réduction : lorsque la malachite contient du
fer, elle est verdâtre, ou d'un brun verdâtre.

ONZIEME ESPECE.

Verd de Montagne.

Il ne differe de la malachite qu'en ce qu'il eſt moins compacte & qu'il contient ſouvent des terres étrangeres.

La terre de Véronne eſt compoſée de malachite & d'argille.

On trouve du cuivre minéraliſé par l'arſenic, dans la mine de cobalt, nommée Kupfernickel.

Table du produit de différentes eſpeces de mine de cuivre, par le moyen d'un flux, compoſé de parties égales de ſable & de terre calcaire, & d'une demie partie de poix reſine.

Un quintal a produit,

Mine de cuivre jaune.... 19 livres.
griſe..... 33
& 1 marc 2 onces d'argent.
hépatique. 30
& 1 marc d'argent.
Marcaſſite......... 13 livres.
Cuivre azuré & malachite. 75

PLOMB.

Le plomb eſt un métal d'un blanc bleuâtre, mou & duċtile ; il ſe fond aiſément ;
expoſé au feu il bout & ſe volatiliſe en partie, ſi l'on n'a entretenu que le degré de feu
néceſſaire pour le tenir fondu, il ſe couvre
à ſa ſurface d'une pellicule griſe ; c'eſt une
chaux de plomb ; tenue au feu de réverbere
elle prend une couleur jaune ; ſi elle y a
reſtée long-temps elle devient rouge : dans
le premier cas, on la nomme maſſicot &
minium, lorſqu'elle eſt rouge ; par ces cal-
cinations le plomb augmente de dix livres
par quintal ; ces chaux de plomb expoſées
à un feu violent, ſe changent en un verre
feuilleté, blanchâtre & opaque, il eſt quelquefois rougeâtre ; on le nomme litharge ;
le plomb perd par la coupellation vingt
livres par quintal ; dans cette opération
il y a une partie du plomb qui ſe volatiliſe & s'attache aux parois des fourneaux
ſous forme de maſſicot ; la litharge facilite
la vitrification de la plûpart des métaux &
celle de preſque toutes les terres, excepté
la terre abſorbante, ce qui la rend propre
à faire des coupelles.

Le plomb perd à l'air son éclat & sa couleur, il y devient gris & terne, il est soluble dans la plûpart des acides avec lesquels il forme des sels neutres sucrés.

L'acide vitriolique combiné avec le plomb forme le vitriol de Saturne, ce sel est blanc & demande beaucoup d'eau pour sa dissolution.

Le nitre de Saturne est verdâtre & transparent.

Le plomb corné produit des cristaux blancs, transparens, composés de prismes à six pans.

Le plomb exposé à la vapeur du vinaigre devient blanc à sa surface, cette rouille de plomb est nommée céruse; elle se dissout aisément dans le vinaigre, & forme un sel neutre, nommé sel ou sucre de Saturne; ses cristaux sont des prismes à quatre pans tronqués; exposés à l'air ils perdent leur transparence & y deviennent blancs.

La chaux & le verre de plomb sont solubles dans les huiles avec lesquelles elles forment une masse blanche, dure, insoluble dans l'eau; on la nomme emplâtre.

Toutes les préparations de plomb prises

intérieurement, font des poifons, elles cau-
fent des coliques & des paralyfies.

On fait entrer de la chaux de plomb dans
la plûpart des verres blancs.

Les terres cuites font verniffées avec du
verre de plomb , on y mêle fouvent de la
chaux de cuivre , pour leur donner une
couleur verte : les acides & les fels neutres
détruifent en peu de tems ces verres.

Le plomb fe trouve minéralifé par le
foufre & l'acide marin ; la mine de plomb
fulfureufe a befoin d'être calcinée pour
produire le métal qu'elle contient; le fourneau de réverbere Anglois torréfie & réduit
en même temps ; on s'affure par l'effai de
la quantité d'argent contenu dans le plomb,
& on le coupelle s'il en contient affez pour
payer les frais de cette opération.

Le plomb minéralifé par l'acide marin
n'a pas befoin d'être torréfié.

PREMIERE ESPECE.

Mine de plomb fulfureufe , galene.

Le plomb minéralifé par le foufre eft
nommé galene , lorfqu'il eft criftallifé en
cubes ou en feuillets quarrés , ces cubes font

souvent tronqués par leurs angles ; il y a des criftaux de galene octahedres ; quelquefois le fommet des pyramides eft tronqué, alors le criftal eft décahedre ; on remarque quelquefois à la furface de la galene différentes couleurs chatoyantes.

La galene torréfiée ne perd point fenfiblement de fon poids, quoique dans cette opération le foufre qui lui étoit uni fe diffipe : un quintal de plomb réduit en chaux augmente de dix livres, cette chaux réduite ne produit plus que quatre-vingt-dix livres de métal ; c'eft la raifon pour laquelle les mines de plomb fulfureufes, en perdant leur foufre par la calcination, pefent fouvent autant que la mine qu'on avoit employée, & que par la réduction elles ne produifent que foixante ou foixante-cinq livres de plomb.

DEUXIEME ESPECE.

Galene en ftalactites.

Elle repréfente des cylindres qui ont cinq lignes de diametre, ils ont quelquefois quatre ou cinq pouces de long ; Il y en a de perforés dans leur longueur, & d'autres dont l'intérieur eft rempli de pyrites mar-

tiales : la furface de ces ftalactites eft compofée de petits cubes brillants.

TROISIEME ESPECE.

*Mine de plomb compacte, à petits grains
brillans comme l'acier.*

Ce plomb eft minéralifé par le foufre ;
on en trouve quelquefois de ftrié.

La quantité de plomb que contiennent
les différentes efpeces de galene varie beaucoup, il y en a qui produifent foixante &
dix - fept livres par ⟨ intal ; la mine de
plomb de Nevers, qui fe trouve à la furface de la terre, fous forme de petits cubes, eft de cette efpece ; les mines de plomb
du Limoufin ne m'ont donné par quintal
que cinquante - huit livres de métal ; ces
mines ne produifent point toutes une égale
quantité d'argent ; il y en a dont on ne
retire qu'une demie-once, d'autres une once
par quintal ; on en trouve qui en contiennent beaucoup plus.

QUATRIEME ESPECE.

Plomb minéralisé par l'acide marin ;
plomb blanc.

On en trouve dans presque toutes les
mines de ce métal ; sa ressemblance avec
certaines especes de spath, lui a fait donner
le nom de plomb spathique ; il se trouve
dans différens Etats ; il y en a de cristallisé régulierement , dont les cristaux sont
transparens & représentent des prismes hexagones applatis, dont deux plans sont
larges & opposés, terminés par deux pyramides trihedres , dont un des plans est rhombe
& les deux autres rhomboïdes.

On trouve dans les mines de Poullaoen,
en Basse-Bretagne , des cristaux de plomb
blanc, opaques, qui représentent des prismes à cinq pans, terminés par des pyramides qui ont autant de pans ; il y en a qui
représentent des lames quarrées coupées en
biseaux par leurs extrêmités ; on y rencontre aussi des morceaux de plomb blanc ra-
mifiés, qui paroissent s'être formés de même que les stalagmites.

Le plomb blanc qu'on trouve dans ces

mines du Hartz , est en cristaux striés , blancs , brillans , opaques & soyeux. Le plomb blanc se rencontre aussi en masses irrégulieres.

La mine de plomb blanche m'a produit par la réduction en employant le flux noir quatre - vingt - quatre livres de plomb par quintal ; par la coupelle j'en ai retiré deux gros quarante grains d'argent.

CINQUIEME ESPECE.

Mine de plomb verte , plomb minéralisé par l'acide marin.

Ses cristaux sont transparens ; ils représentent des prismes à six pans tronqués : lorsque ces cristaux sont striés & irréguliers , ils sont ordinairement opaques ; par la réduction j'en ai retiré soixante & seize livres de plomb par quintal , & par la coupelle cinq gros d'argent.

SIXIEME ESPECE.

Mine de plomb noir cristallisée , plomb minéralisé par l'acide marin.

Cette mine a été découverte à Poullaben

dans les mêmes endroits où l'on a trouvé le plomb blanc ; elle ne doit sa couleur qu'à une petite quantité de galene très-divisée, qui se trouve à la surface de ses cristaux, qui font rougeâtres & opaques : ils représentent des prismes à cinq pans striés.

Le plomb corné diffous dans l'eau est rougeâtre, les premiers cristaux que cette diffolution produit font blancs, les seconds font rougeâtres : la mine de plomb noire contient plus de matiere graffe & moins de plomb que la mine de plomb blanche ; par la réduction, j'en ai retiré foixante-douze livres de plomb par quintal, elle ne contient point d'argent.

SEPTIEME ESPECE.

Mine de plomb rouge criftallifée & tranfparente.

Ses cristaux repréfentent des prismes à quatre pans comprimés, une extrêmité est terminée par une pyramide dihedre, dont les plans font des rhombes ; l'autre extrêmité est terminée par un plan rhomboïde. La mine de plomb rouge est, également que les précédentes, compofée d'acide marin & de plomb. M. Lehmann dit qu'elle doit sa couleur à du fer, qu'elle ne contient que cinquanre livres de plomb par quintal, & qu'elle ne produit point d'argent.

On trouve auffi des maffes de plomb rouges & opaques.

Ces quatre efpeces de mines de plomb contiennent de l'acide marin & une matiere graffe. Le plomb blanc contient près de vingt livres d'acide marin par quintal ; on peut le retirer de ces mines par la diftillation fans intermede, en adaptant à la cornue un récipient enduit d'huile de tartre par défaillance.

Les mines de plomb fpathiques décrepitent lorfqu'on les expofe au feu, & y entrent en fufion ; le plomb verd laiffe après avoir été fondu une maffe grife & opaque, l'acide vitriolique diftillé avec ces mines en dégage l'acide marin; une partie de l'acide vitriolique devient fulfureux ; le vitriol de Saturne qu'on trouve dans la cornue, eft blanc & ne fe diffout que dans beaucoup d'eau.

De toutes les chaux métalliques, c'eft celle du plomb qui eft la plus facile à réduire : lorfqu'on coupelle du plomb, il s'en évapore près d'un dixiéme.

É T A I N.

L'Étain est un métal blanc, ductile, qui perd son brillant & sa couleur à l'air ; lorsqu'on le ploie il fait un petit bruit, il perd cette propriété quand il a été battu : un mélange de parties égales de plomb & d'étain produit le même bruit lorsqu'on le ploye ; on ne peut donc pas juger de la pureté de l'étain par cet effet.

L'étain exposé au feu se fond très-promptement, sa surface se couvre d'une poudre grise, qui est une chaux d'étain, nommée potée dans le commerce ; on l'employe pour polir les métaux & pour préparer l'émail : l'étain réduit en chaux augmente de poids & acquiert de la dureté par la calcination, ce qui annonce une espèce de vitrification.

L'étain est soluble dans tous les acides ; combiné avec l'acide marin concentré, il forme la liqueur fumante de Libavius.

Toutes les dissolutions d'étain sont propres à aviver les couleurs rouges tirées des substances animales ; si l'on en verse dans de l'or, dissous dans de l'eau régale, il le précipite en pourpre.

L'étain a une odeur affez défagréable, on s'en apperçoit en le frottant avec la main : lorfqu'il eft fondu il ne répand point la même odeur, mais il s'en volatilife une partie : fi l'on expofe une lame d'or au deffus d'un creufet qui tient de l'étain en fufion, l'or devient aigre ; on a remarqué qu'un grain d'étain fuffifoit pour altérer la ductilité d'un marc d'or.

L'étain réfifte à la coupelle : on s'apperçoit aifément fi le plomb ou le métal qu'on veut coupeller en contiennent, alors le plomb n'entre point en bain, & la coupelle fe hériffe :

L'étain fe trouve toujours minéralifé par l'acide marin : ces mines contiennent ordinairement du fer ; lorfqu'elles n'en contiennent point elles font blanches & demi-tranfparentes ; les criftaux de cette mine font ordinairement accompagnés de mifpickel, qui eft une mine d'arfenic blanche, qui contient un peu de cobalt.

Quoique l'étain foit le plus léger des métaux, la mine dont on le retire eft la plus pefante des mines, elle fait feu avec le briquet ; expofée au feu, elle décrépite, change de couleur, se fond & répand une fumée blanche.

PREMIERE ESPECE.

Mine d'étain blanche, demi - transparente.

Elle est très-pesante & paroît vitreuse dans sa fracture, elle est composée d'acide marin & d'étain ; par la réduction j'en ai retiré soixante & quatre livres par quintal.

L'étain qu'on retire de cette mine est très-ductile, & ne contient point de matieres étrangeres.

M. Delisle a vû & décrit des cristaux d'étain blanc, il dit qu'ils sont octahedres.

DEUXIEME ESPECE.

Mine d'étain rougeâtre.

Ces cristaux sont ordinairement irréguliers, opaques, * rougeâtres & quelquefois noirs ; ils paroissent vitreux dans leur fracture, dans laquelle on trouve souvent de l'étain blanc.

---

* Suivant M. Delisle ces cristaux sont des cubes, dont les bords sont coupés.

La mine d'étain rougeâtre est composée d'acide marin, d'étain, de fer & d'une petite quantité de cobalt ; je n'en ai retiré que cinquante-quatre livres d'étain par quintal : il étoit moins ductile que le précédent, parce qu'il contenoit un peu de fer & de cobalt.

On peut retirer le fer contenu dans les mines d'étain rougeâtres, en les distillant avec du sel ammoniac.

Les mines d'étain n'ont point besoin d'être torréfiées lorsqu'elles ne contiennent ni mispickel, ni pyrites ; pour essayer ces mines d'étain j'en mêle une partie avec une partie de poudre de charbon, je mets ce mélange dans un creuset brasqué, à l'aide d'un feu très-vif la réduction se fait très-bien & très-promptement ; le métal déplace le charbon de la brasque & se trouve au fond du creuset ; durant cette opération l'acide marin se dégage sous forme de vapeurs blanches.

Si l'on distille ces mines d'étain avec de l'acide vitriolique, il se dégage d'abord de l'acide marin, ensuite de l'acide sulfureux ; on trouve dans la cornue un vitriol d'étain.

TROISIEME

TROISIEME ESPECE.

Molybdène, plombagine, crayon noir.

Sa couleur est gris d'ardoise, elle est composée de feuillets gras au toucher ; on en trouve dans les mines d'étain ; elle me paroît être un étain altéré , on peut en retirer un peu de fer par la sublimation avec le sel ammoniac : les acides n'alterent point la molybdêne, elle ne passe point à la coupelle, elle ne se vitrifie pas & surnage les mélanges propres à faire du verre.

On connoît en Chymie une préparation d'étain , qu'on nomme *aurum musivum ,* Bronze des Modernes, qui a l'onctuosité , la division & le feuilleté de la molybdêne ; elle en differe par sa couleur qui est jaune & brillante, elle devient noirâtre par la calcination : on prépare *l'aurum musivum.* avec du soufre , du sel ammoniac & de l'étain amalgamé avec du mercure ; l'étain dans cette opération reçoit sa couleur de l'acide marin.

On prépare avec la molybdêne des creusets qui ne se fondent point au plus grand.

Q

feu ; fi l'on fond de l'or dedans il y devient très-aigre.

A R G E N T.

L'argent eft un métal blanc très-ductile, il ne s'altere pas auffi aifément par la calcination que les autres métaux ; expofé à l'air il y perd fa couleur & devient noir ; cette altération eft produite par l'odeur de foie de foufre décompofé : l'argent réfifte à la coupelle ; ce métal peut s'unir en certaines proportions avec le cuivre , fans perdre fa couleur , fa ductilité n'en eft point altérée.

L'argent eft foluble dans tous les acides minéraux , les uns ont befoin d'être très-concentrés, les autres étendus d'eau ; l'acide vitriolique concentré, diftillé avec de l'argent corné , le décompofe & le diffout ; le vitriol qui en réfulte eft blanc , demi-tranfparent ; expofé à l'air , il en attire l'humidité & prend une couleur violette : il eft foluble dans l'eau.

L'acide nitreux concentré n'attaque point l'argent , étendu d'eau il le diffout avec effervefcence ; le nitre lunaire qui en réfulte criftallife en lames quarrées , coupées en biseaux à leurs extrêmités : ce sel est blanc & transparent ; exposé à l'air il devient noir & opaque ; il est très-caustique : privé de l'eau de sa cristallisation & d'une partie de son acide par la calcination, il devient noir, se fond comme de la cire & est nommé pierre infernale, lorsqu'il est réduit en petits cylindres.

L'argent dissous dans l'acide marin est blanc ; ce sel est connu sous le nom d'argent corné, il se fond aisément au feu, en réfroidissant il prend une couleur roussâtre & se laisse couper comme de la cire.

L'argent dissous dans l'acide nitreux peut être séparé de cet acide par le cuivre, c'est un moyen d'obtenir l'argent sous forme métallique & en poudre très-divisée; cette opération est nommée départ. Si l'argent a été séparé de l'acide nitreux par l'étain, il est sous forme de chaux grise ; fondue avec du verre blanc, elle lui donne une couleur jaunâtre.

L'argent dissous dans les acides est un poison corrosif.

L'argent est dissous très-rapidement & à froid par le mercure, cette dissolution est nommée amalgame.

Q ij

L'argent se trouve dans les mines sous forme métallique, minéralisé par le soufre, par l'arsenic & le soufre avec du fer, par le soufre & l'arsenic avec du cuivre, par le soufre avec du plomb, par l'acide marin : on trouve de cet argent corné dans la plûpart des mines d'argent natif, dans les contrées où l'on exploite par le moyen du mercure ; on perd cet argent corné, il n'est point susceptible de l'amalgame.

PREMIERE ESPECE.

Argent vierge.

Il est blanc & très-ductile, il prend différentes couleurs lorsqu'il est exposé à l'air. On en trouve de cristallisé en cubes, il est très-rare ; celui qui est en grains, dentelé, ramifié, capillaire ou en feuillets superficiels, est beaucoup plus commun.

Ces différentes especes d'argent natif se trouvent avec l'argent vitreux & l'argent corné.

L'argent natif que j'ai essayé étoit dans du spath calcaire blanc ; j'ai reconnu par la coupellation qu'il étoit à onze deniers douze grains ; j'en ai retiré par le départ sept gros d'or par quintal.

Nota. Dans les effais l'argent eft fuppofé divifé en douze parties, qu'on nomme deniers : le denier eft divifé en vingt-quatre parties, qu'on nomme grains.

J'ai extrait la note fuivante fur le Rofch-gewechs, de la Minéralogie de M. Vogel.

M. de Jufti eft le premier qui ait fait connoître cette mine, elle eft très-rare, fe trouve en Hongrie & fur-tout à Schemnitz, elle eft d'un gris blanchâtre ou noirâtre, quelquefois brunâtre ; ces couleurs fe trouvent fouvent réunies dans le même morceau ; fa fuperficie eft toujours granulée & très-dure, fa fracture eft d'un gris blanchâtre & liffe : elle femble fouvent mêlée avec des cubes pyriteux, mais ce n'eft rien moins que des pyrites, car le feu les décele pour argent natif ; c'eft de toutes les mines d'argent la plus riche, elle furpaffe même l'argent vitreux & rend quelquefois quatre-vingt-deux livres par quintal ; elle ne fe trouve que par nids, fa richeffe n'empêche pas les mineurs d'être fâchés de la rencontrer ; l'expérience leur ayant appris que la mine devient moins bonne pour un tems.

DEUXIEME ESPECE.

Argent minéralisé par le soufre,
mine d'argent vîtreuse.

Elle est d'un gris noirâtre, se laisse aisément couper & ne contient que seize livres de soufre par quintal, elle affecte différentes formes ; il y en a dont les criftaux font cubiques, d'autres font octahedres, quelquefois ces octahedres font tronqués, elle m'a produit quatre-vingt-quatre livres d'argent par quintal ; cette mine eft donc plus riche que le Rofchgewechs de M. Jufti.

TROISIEME ESPECE.

Mine d'argent rouge.

Elle affecte différentes formes, eft tranf-parente ou opaque : il y en a dont les criftaux font des prifmes à fix pans, terminés par deux pyramides applaties à trois pans, dont deux des plans font rhombes, & le troifiéme un pentagone ; le prifme eft compofé de trois plans larges & de trois étroits;

j'en ai vû d'autres dont les pyramides étoient compoféés d'un rhombe & de deux trapezes.

On trouve de l'argent rouge mammelonné & difpofé par couches.

Les mines d'argent rouge expofées à l'air perdent fouvent leurs couleurs, deviennent grifâtres ou noires ; dans leurs fractures ; elles paroiffent rouges ; elles contiennent par quintal douze livres d'arfenic , vingt livres de foufre , dix livres de fer & cinquante-huit livres d'argent ; pendant la calcination l'arfenic brûle & fe fublime en premier , enfuite le foufre , le fer & l'argent reftent dans le teft. On peut féparer le fer de l'argent par la fublimation avec le fel ammoniac.

QUATRIEME ESPECE.

Mine d'argent noire cellulaire.

Elle eft très-fragile & reffemble à des fcories poreufes , elle contient beaucoup plus de foufre que la mine d'argent vitreufe , elle m'a produit quinze marcs d'argent par quintal.

Q iv

CINQUIEME ESPECE.

Argent corné, criftallifé.

Ces criftaux font cubiques, ils font compofés d'argent & d'acide marin, la couleur de cette mine varie ; il y en a de blanche & tranfparente, de lilas tendre & de brune, elle perd ces couleurs à l'air & y devient d'un gris rougeâtre : elle eft auffi molle que de la cire & produit par quintal quatre-vingt livres d'argent.

SIXIEME ESPECE.

Mine d'argent grife, criftallifée.

Ces criftaux repréfentent des pyramides triangulaires, elle contient par quintal foixante-treize livres d'arfenic, quatorze livres de cuivre, cinq marcs d'argent & deux livres de fer.

SEPTIEME ESPECE.

Mine d'argent en plumes.

Elle eft noire & compofée de ftries paralleles & très-fines ; je n'ai point eu affez d cette mine pour l'effayer : on dit qu'elle contient de l'antimoine, du foufre & quatre onces d'argent par quintal.

On trouve de l'argent dans les mines de cuivre grifes & dans celles qu'on nomme hépatiques , dans la plûpart des mines de plomb , &c.

La mine d'argent d'Allemont en Dauphiné , eft en partie minéralifée par le foufre ; elle produit fix marcs d'argent par quintal & autant de cobalt ; dans la réduction de cette mine , j'ai trouvé le culot de cobalt féparé de l'argent ; ils étoient à côté l'un de l'autre au fond du creufet.

Pour féparer l'argent de l'alliage qu'il peut contenir , on le coupelle avec du plomb dont on eft fûr ; celui qu'on obtient en réduifant du minium , contient fouvent une minicule d'argent ; il faut l'apprécier dans les effais. Comme le plomb volatilife auffi quelquefois un peu d'argent, il faut toujours faire un effai deux fois.

On fépare l'or de l'argent par le moyen de l'acide nitreux ; ce menftrue ne diffout pas l'or , il refte au fonds de la diffolution , fous la forme d'une poudre noire ; fi le mélange métallique contenoit plus d'or que d'argent, il faudroit employer de l'eau régale.

Produit des différentes especes de mines d'argent.

Un quintal a produit.
Argent natif..   96 livres d'argent &
                 7 onces d'or.

Argent vitreux. 84
Argent rouge.. 58
Argent noir... 7   8 onces.
Argent corné. 80
Argent gris... 2   8 onces.

O R.

L'Or est un métal d'une couleur jaune; on en trouve de différentes nuances, il est très-ductile, il ne s'altere point au feu le plus long-temps continué, il y rougit avant d'entrer en fusion; lorsqu'il est prêt à fondre, il prend une couleur d'aigue-marine.

L'or se rencontre presque toujours sous forme métallique, quelquefois même cristallisée; il se trouve aussi en paillettes ou en petits morceaux irréguliers, dans du quartz ou dans les mines de fer minéralifées par l'acide marin : on peut retirer l'or natif des différentes gangues où il eft , par le moyen de l'amalgame. M. Brandt rapporte que fi on laiffe digérer lentement de l'or avec du mercure, on ne peut le féparer , ni par la calcination la plus forte avec le foufre , ni par la fonte plu‑ fieurs fois répétée au feu le plus violent : l'or qu'il a obtenu étoit blanc & fragile.

Lorfque l'or eft minéralifé par le foufre ou par l'arfenic , par l'intermede du fer, il faut emplcyer des moyens particuliers pour le féparer de ces métaux.

L'or eft diffoluble dans l'eau régale , le foie de foufre & le mercure.

La diffolution d'or dans l'eau régale eft du plus beau jaune , on peut le précipiter par l'alkali fixe , alors il prend une cou‑ leur grifâtre ; expofé au feu, ou frotté for‑ tement , il fulmine.

Si l'on précipite l'or diffous dans l'eau régale par le moyen de l'étain , il prend une couleur rougeâtre , on le nomme pourpre minérale , précipité d'or de Caffius ; il fert à colorer en rouge & en pourpre les verres & les émaux ; dans cette opération l'or eft

réduit en chaux par le moyen de l'étain &
acquiert la propriété de se vitrifier.

Dans les essais on suppose l'or divisé en
vingt-quatre parties, on les nomme karats,
& le karat d'or divisé en trente-deux
parties.

L'or natif que j'ai eu occasion d'essayer
étoit à vingt-trois karats, vingt-quatre
trente-deuxiémes, il contient aussi quelquefois de l'argent.

PREMIERE ESPECE.

Or natif.

Il est d'un jaune de différentes nuances,
il contient souvent une petite quantité d'argent : on en trouve en lames, en grains &
en masses irrégulieres. L'or de Sibérie est
remarquable par l'espece de mine de fer
spathique dans laquelle il se trouve, elle
est brune & cristallisée en cubes striés.

On trouve souvent des paillettes d'or
dans les sables de plusieurs fleuves ou
rivieres.

J'ai vû dans le Cabinet de M. le Comte
d'Angivillé, des cristaux d'or natif, octahedres.

DEUXIEME ESPECE.

Or minéralisé par l'arsenic, par l'intermede du fer.

Cette mine vient de Nagyai en Autriche, sa surface est mammelonnée & blanche, dans sa fracture on remarque différentes couleurs, du noir, du rougeâtre, du gris brillant & du blanc.

L'arsenic se trouve dans cette mine sous forme de régule & sous celle de chaux, celui qui est sous forme de régule est noir & composé de petits feuillets ou lames quarrées, brillantes & spéculaires. La chaux d'arsenic est à la surface & lui donne une couleur blanche; cette mine fait feu avec le briquet, devient grise & en partie attirable par l'aimant, après avoir été calcinée.

La mine d'or arsénicale de Nagyai contient par quintal.

Arsenic.......	75	livres.
Cuivre......	11	
Fer....,.	8	
Quartz......	2	
Cobalt.....	3	7 onces.
Or......		9 onces.

TROISIEME ESPECE.

Or minéralisé par le soufre, par l'intermede du fer.

Cette mine est jaune, brillante & composée de petites facettes ; elle contient par quintal trente-cinq livres de soufre, quarante-cinq livres de fer & cinq marcs d'or.

PLATINE, PETIT ARGENT, OR BLANC.

Don Antonio de Ulloa, Mathématicien Espagnol, est le premier qui ait parlé de la platine en 1748 : on en trouve dans les mines d'or de l'Amérique Espagnole, & en particulier dans celle de Santa-Fé, près Carthagêne & du Bailliage de Choco au Pérou : elle est en petits grains applatis d'une couleur grise, blanchâtre.

La platine a la pesanteur de l'or ; elle contient souvent du mercure & de l'or ; j'ai retiré par la distillation de quatre onces de platine un gros de mercure, le résidu étoit noirâtre ; j'en ai séparé vingt-quatre grains d'or d'une belle couleur jaune ; avec un barreau aimanté j'ai retiré de ces quatre onces de platine vingt grains d'une poudre noire attirable par l'aimant, elle eſt inſoluble dans les acides ; je l'ai ſublimée avec du ſel ammoniac & j'ai obtenu des fleurs martiales.

La platine expoſée à un feu violent s'eſt agglutinée à ſa ſurface & a un peu noirci, elle n'eſt ſoluble que dans l'eau régale : ſa diſſolution eſt rougeâtre, comme la teinture de ſafran très-foncée : les criſtaux qu'elle produit ſont jaunâtres & irréguliers : la diſſolution de platine ne tache point les ſubſtances animales.

Pluſieurs Phyſiciens regardent la platine comme un métal parfait : elle n'eſt point ductile, elle réſiſte à la coupelle & au feu le plus violent, elle paroît ne point y éprouver d'altération : elle peut s'allier avec les ſubſtances métalliques, mais elle altere leur ductilité.

Lorſqu'on veut reconnoître ſi l'or eſt allié avec de la platine , il faut le diſſoudre dans l'eau régale , en y ajoutant du ſel ammoniac diſſous dans de l'eau, la platine ſe précipite ſous la forme d'une poudre rougeâtre.

Moyens de reconnoître les différentes matieres qui se trouvent dans l'eau.

On trouve rarement de l'eau pure, elle tient presque toujours en dissolution quelques substances salines : pour les reconnoître il faut avoir recours à différens moyens ; on en détermine la quantité par l'évaporation, la nature par la cristallisation & la décomposition.

L'eau reçoit la température du lieu où elle se trouve ; au terme de la glace, elle cristallise ; lorsqu'elle séjourne sur des terreins échauffés par des feux souterreins, elle en partage la chaleur & en reçoit souvent des propriétés en se combinant avec le foie de soufre volatil que ces feux produisent, ou avec le mixte éthéré dont l'eau peut se charger.

Lorsque l'eau tient suspendue de la terre, elle est trouble : on peut la séparer par la filtration, ou en la laissant déposer.

La sélénite est la substance saline qu'on trouve le plus ordinairement dans l'eau, ce sel est composé d'acide vitriolique & de terre absorbante ; la plûpart des eaux de

source

source en contiennent ; si l'on verse dedans de la dissolution de mercure dans l'acide nitreux , il se fait un précipité jaune ; si l'on y verse de l'alkali fixe, la terre absorbante se précipite.

Pour connoître si l'eau contient du sel marin, il faut la rapprocher par l'évaporation , par ce moyen on obtient des cristaux cubiques ; mis sur des charbons ardens ils décrépitent : si l'on verse dans cette eau de la dissolution de mercure dans l'acide nitreux ; il se fait un précipité blanc ; l'eau qui tient en dissolution du sel marin à base terreuse , produit un précipité blanc beaucoup plus abondant : par l'évaporation on en retire un sel déliquescent.

Lorsque l'eau tient en dissolution du sel ammoniac , il faut la rapprocher par l'évaporation, jusqu'au point de la cristallisation, & verser dedans un peu d'alkali fixe ; sur le champ il s'en dégage de l'alkali volatil : le nouveau sel neutre qui se trouve dans cette eau indique la nature du sel ammoniac ; pour déterminer si c'est du sel ammoniac vitriolique qu'elle contient , il faut verser dedans de la dissolution de mercure dans l'acide nitreux, il se fait un précipité jaune.

R

L'eau qui a une odeur fétide contient du foie de soufre terreux : en exposant à la surface un papier sur lequel on a tracé des caracteres avec du vinaigre de Saturne, ils deviennent noirs ; en versant dans cette eau un acide, on en dégage une odeur bien plus fétide, l'eau se trouble, & il se précipite du soufre.

On trouve dans l'eau de plusieurs sources du vitriol martial : en mettant dedans de la décoction de noix de galle, ou de thé, ou bien de la poudre de noix de galle, elle prend une couleur bleue ou noire ; la même eau contient souvent du vitriol bleu : en mettant dedans une lame de fer poli, on le reconnoît aisément, la lame devient rouge à sa surface. Lorsque l'eau contient beaucoup de vitriol de cuivre, elle est bleue ; cette eau cémentatoire est un poison corrosif.

Lorsque ces eaux vitrioliques passent sur du sel gemme, elles se décomposent, & il se forme du sel de Glauber ; cette nouvelle eau minérale produit, par l'évaporation, du sel qui cristallise aisément, & qui tombe en efflorescence à l'air.

On trouve de l'eau qui a un parfum

femblable à celui de l'éther ; cette odeur eſt très-fugace ; il y a auſſi de l'eau qui a un goût femblable à celui de vin de Champagne piquant , l'odeur & le goût les font aifément reconnoître.

L'eau fur laquelle on trouve de l'huile de pétrole en a l'odeur & le goût , elle contient fouvent un foie de foufre volatil.

J'ai indiqué dans ces remarques les moyens de reconnoître les fubſtances qu'on trouve quelquefois dans l'eau ; le peſe-liqueur a été employé par pluſieurs Phyſiciens, mais il n'indique que la pefanteur.

F I N.

EXTRAIT DES REGISTRES

DE L'ACADÉMIE ROYALE DES SCIENCES,

Du 18 Décembre 1771.

MEſſieurs DELASSONE & TILLET, qui avoient été nommés pour examiner des *Eléments de Minéralogie Docimaſtique*, compoſés par M. SAGE, en ayant fait leur rapport, l'Académie a jugé cet Ouvrage digne de l'impreſſion : en foi de quoi j'ai ſigné le préſent Certificat. A Paris le 19 Décembre 1771.

Signé GRANDJEAN DE FOUCHY, Secrétaire perpétuel de l'Académie Royale des Sciences.

Le Privilege ſe trouve à la ſuite des Mémoires de l'Académie.

Table des cinq Matieres qui servent à Mineraliser les Substances metalliques.

Arsenic

Soufre

Acide marin

Alkali volatil

Azuré

Matiere grasse produite par l'alkali volatil decomposé.

Malachite

♁	Antimoine	♃	Etain
☽	Argent	♂	Fer
⚭	Arsenic	☿	Mercure
B	Bismuth	☉	Or
K	Cobalt	♄	Plomb
♀	Cuivre	Z	Zinc

TABLE
ALPHABÉTIQUE
DES MATIERES
Contenues dans cet Ouvrage.

A.

Acide marin, 4. Eſt très-concentré dans les métaux ſpathiques, 22. La mine d'étain doit ſa peſanteur à cet acide, 238.

Acide nitreux, eſt une modification de l'acide vitriolique, 2.

Acide phoſphorique, eſt le plus peſant des acides, 4.

Acide Sulphureux, 2. Se trouve dans une éruption de la Solfatare, 9.

Acide vitriolique, acide primitif ou élémentaire. 1.

Acier, fer dont on a diviſé les molécules par le moyen de l'acide marin, 194. Fer ſpathique appellé mine d'acier, *ibid.*

Agaric minéral, craie en maſſes légeres & poreuſes, 41.

Agate, caillou demi-tranſparent ſuſceptible du poli, 98.

Albâtre calcaire, ſtalagmite, 52.

Albâtre gypſeux, gypſe blanc demi-tranſparent, 84.

Alkali fixe, ſel phoſphorique, avec excès de terre abſorbante, 5.

R iij

dans les interftices des criftaux de la mine d'antimoine fpéculaire, en mammelons, ou en petits
criftaux ftriés ; cette mine eft très - fragile ;
réduite en poudre. elle reffemble au rouge
d'Angleterre ; mife fur des charbons ardens, elle
brule & répand des vapeurs d'acide fulphureux.

On doit regarder cette mine d'antimoine rouge
comme un foufre doré natif.

Le foufre doré d'antimoine qu'on obtient en fu-
blimant enfemble du fel ammoniac & de l'antimoine a une couleur femblable & les mêmes propriétés.

Ces deux efpeces de mines d'antimoine m'ont été
données par M. Varénne de Beoft ; mes Élémens
étoient imprimés lorfque j'en ai fait les effais, j'ai
mieux aimé les placer dans cette Table que de n'en
point parler.

Ardoife ou fchifte contient de l'alkali volatil , 77.

Argent, 242, vierge, 244, contient quelquefois de
l'or , 245, verre d'argent, *ibid.*

Argent corné eft minéralifé par l'acide marin , 248.

Argent gris, 248, argent rouge perd fa couleur à
l'air , 246.

Argent vitreux , 246.

Argille, terre glaife ou bol, 71 décrépite au feu,
s'exfolie à l'air , 72. Aluminifation de l'argille , 76.

Arfenic expofé au feu brûle en répandant une
flamme bleue, & une odeur d'ail, 164. Arfenic
fpéculaire dans la mine d'or de Nagyai, 253.

Afbefte, 66. Il y en a de différentes couleurs.

Afphalte, bitume de Judée noir & fragile, 32. On
en trouve dans le cinabre criftallifé & tranfparent,
151.

Aurum mufivum, Bronze des modernes, 241.

B.

BASALTE, *Schirl* ou *Schorl*, fel neutre formé
par l'acide phofphorique, & un alkali femblable à
celui du quartz, 38, 39 & 111. Tous les bafaltes

expofés au feu fe vitrifient , excepté le rubis & la
chryfolithe , 122. Ils contiennent prefque tous du
fer , quelques-uns du cobalt , 123. Bafalte feuilleté
de Coëtanos en Bretagne , m'a été donné par M le
Chevalier d'Arcy, 117. Pierre de touche , 120, 121.
Pierre de colonnes , 117 & *fuiv.*

Beurre d'antimoine fe décompofe par l'eau. 183.

Beurre de bifmuth ; 185.

Beurre de zinc fe prépare avec le fel ammoniac & le
zinc, 171 Voyez dans les Mém. de l'Acad. Royale des
Sciences 1770 l'analyfe de la pierre calaminaire.

Bifmuth vierge , 186. Se trouve minéralifé par le
foufre, 183 , 186. Par l'arfenic , 187.

Bitumes , fubftances foffiles inflammables , produites
par la matiere graffe qui fe trouve dans les eaux
meres des fels , 35. Les pierres & les terres qui
forment les continents étant des fels , la matiere
graffe produite par leurs eaux meres s'eft infiltrée
dans les fubftances poreufes ; l'acide qu'elle contient
en s'uniffant au phlogiftique l'a colorée & lui a
donné une odeur qui leur eft propre ; la difficulté
que les bitumes ont à fe diffoudre dans l'efprit-de-
vin , provient de ce que la matiere graffe qui leur a
donné naiffance eft analogue aux huiles graffes.

Bitume de Judée , afphalte , 32.

Blanc d'Efpagne , terre calcaire , 40.

Blende , zinc minéralifé par le foufre : elle contient
du cobalt, du fer & de la terre abforbante , 171.

Bleu de Montagne , cuivre coloré pat de l'alkali volatil , 224.

Bleu de Pruffe , terre martiale colorée par l'acide
phofphorique & une matiere graffe , 195.

Bol , argille , terre glaife , 71. Bol d'Arménie , 74.

Borax , fel phofphorique avec excès d'alkali , 22.

Borax brut , 24. Purifié , 25. Moyen de le préparer ,
23. Voyez *Alleffio Piemontefe di Secreti libro jefto ,*
p. 141. *à raffinare & rifare la Borace.*

Brevet , terme ufité chez les Teinturiers , préparation
propre à teindre , 159.

Bronze , cuivre jaune coloré par le vernis gras , 217.

De borax devient opaque à l'air, 25.
De Moscovie, talc, 66.

Fin de la Table des Matieres.

E R R A T A.

Page 11, ligne 23, vitriolique, *lisez* vitriolique.
Pag. 13, ligne 21, d'occasion, *lis.* occasion.
Pag. 15, lig. 17, salpestre, *lis.* salpêtre.
Pag. 49, lig. 1, Derbyhire, *lis.* Derbyshire.
Pag. 64, lig. 25, composée, *lis.* composé.
Pag. 67, lig. 17, Fecherolles, *lis.* Feucherolles.
Pag. 131, lig. 19, Cronsted, *lis.* Cronstedt.
Page 155, ligne 14, sont, *lisez* son.
Pag. 217, lig. 1, emenstrue, *lis.* ou menstrue.

www.ingramcontent.com/pod-product-compliance
Lightning Source LLC
LaVergne TN
LVHW050218030726
842520LV00002B/576